窄桥

双向交通

注意行人

注意儿童

注意牲畜

注意信号灯

易滑

无人看守铁路道口

注意非机动车

路面不平

过水路面

事故易发路段

注意信号灯

施工

注意危险

彩图 1　警告标志

禁止通行

禁止驶入

禁止机动车驶入

禁止载货
汽车驶入

禁止三轮机
动车驶入

禁止大型
客车驶入

禁止小型
客车驶入

禁止汽车拖、
挂车驶入

禁止行人进入

禁止二轮
摩托车驶入

禁止人力货运
三轮车进入

禁止非机动
车进入

禁止向左转弯

禁止向右转弯

禁止直行

禁止向左
向右转弯

禁止直行和
向左转弯

禁止直行和
向右转弯

禁止掉头

禁止超车

禁止车辆临时
或长时停放

禁止车辆
长时停放

禁止鸣喇叭

限制速度

停车检查

停车让行

减速让行

会车让行

彩图 2　禁令标志

直行

向左转弯

向右转弯

直行和向右转弯

向左和向右转弯

靠右侧道路行驶

靠左侧道路行驶

立交直行和左转弯行驶

立交直行和右转弯行驶

单行路向左或向右

单行路 直行

会车先行

步行

人行横道

右转车道

直行车道

直行和右转合用车道

分向行驶车道

公交线路专用车道

机动车行驶

机动车车道

非机动车行驶

非机动车车道

允许掉头

彩图 3　指示标志

地点识别标志　　　　　　　　地点识别标志　　　　　　　　地点识别标志

告示牌 　　　　　　　　　　　告示牌　　　　　　　　　　　告示牌

告示牌　　　　　　　　　　　告示牌 　　　　　　　　　　　停车场

人行天桥　　　　　　　　　　人行地下通道 　　　　　　　　此路不通

彩图 4　指路标志

旅游区距离 　　　　　　　　　旅游区方向　　　　　　　　　问讯处

彩图 5　旅游区标志

施工路栏

锥形交通标

道口标柱

前方施工

道路施工

道路封闭

彩图 6　道路施工安全标志

向前200m

向左 100m

向右 100m

向左、向右各50m

学校

组合辅助标志

彩图 7　道路交通辅助标志

双向两车道路面中心线

车行道分界线

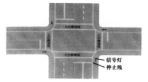

人行横道（信号灯路口）

人行横道（正交）

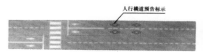

人行横道预告标示

平行式停车位

非机动车车道标记

行车速度≤40km/h时的导向箭头

小型车

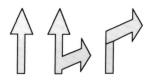

行车速度在60~80km/h时的导向箭头及行车
速度≥100km/h时的导向箭头

彩图8　指示标线

中心黄色双实线

中心黄色虚实线

禁止变换车道线

禁止路边长时停放车辆线

停车让行线

非机动车禁驶区标线

彩图 9　禁止标线

三车道缩减为双车道

双向两车道改变为双向四车道

四车道缩减为两车道

三车道斑马线过渡

彩图 10　警告标线

**企业高技能人才职业培训系列教材**

# 道路清扫工

### （四级）

## 编审委员会

| | |
|---|---|
| 主　　任 | 仇朝东 |
| 副主任 | 唐家富 |
| 委　　员 | 顾卫东　　葛恒双　　葛　玮　　孙兴旺 |
| | 刘汉成　　熊　英　　钱　杰 |
| 执行委员 | 孙兴旺　　瞿伟洁　　李　晔　　夏　莹 |
| | 吴仁勇　　徐爱珍　　佘润申 |
| 主　　编 | 佘润申 |
| 编　　者 | 韩家康　　徐　茜 |
| 主　　审 | 陈一军 |

中国劳动社会保障出版社

**图书在版编目（CIP）数据**

道路清扫工：四级/人力资源和社会保障部教材办公室等组织编写. —北京：中国劳动社会保障出版社，2014

企业高技能人才职业培训系列教材

ISBN 978-7-5167-1437-9

Ⅰ.①道⋯　Ⅱ.①人⋯　Ⅲ.①城市道路-清扫-职业培训-教材

Ⅳ.①TU993.4

中国版本图书馆 CIP 数据核字（2014）第 244586 号

·

中国劳动社会保障出版社出版发行

（北京市惠新东街1号　邮政编码：100029）

\*

北京市艺辉印刷有限公司印刷装订　新华书店经销

880毫米×1230毫米　32开本　5.625印张　4彩插页　134千字

2014年10月第1版　2023年2月第2次印刷

定价：18.00元

营销中心电话：400-606-6496

出版社网址：http://www.class.com.cn

# 内 容 简 介

本教材由人力资源和社会保障部教材办公室、中国就业培训技术指导中心上海分中心、上海市职业技能鉴定中心、上海市市容环境卫生行业协会依据上海道路清扫工（四级）职业技能鉴定细目组织编写。教材从强化培养操作技能、掌握实用技术的角度出发，较好地体现了当前最新的实用知识与操作技术，对于提高从业人员基本素质、掌握四级道路清扫工的核心知识与技能有直接的帮助和指导作用。

本教材在编写中根据本职业的工作特点，以能力培养为根本出发点，采用模块化的编写方式。本教材内容共分为 7 章，主要包括：道路保洁概论，市容环卫行业相关法律法规、职业道德及礼仪规范，道路交通法律、法规相关知识，道路清扫保洁等级划分及面积测算，道路清扫保洁，小型道路保洁机具的适用范围与基本原理，小型道路保洁机具操作规范及维护保养。本教材附有复习题及模拟试卷，供学员参考使用。

本教材可作为道路清扫工（四级）职业技能培训与鉴定考核教材，也可供全国中、高等职业技术院校相关专业师生参考使用，以及本职业从业人员培训使用。

# 前　言

　　企业技能人才是我国人才队伍的重要组成部分，是推动经济社会发展的重要力量。加强企业技能人才队伍建设，是增强企业核心竞争力、推动产业转型升级和提升企业创新能力的内在要求，是加快经济发展方式转变、促进产业结构调整的有效手段，是劳动者实现素质就业、稳定就业、体面就业的重要途径，也是深入实施人才强国战略和科教兴国战略、建设人力资源强国的重要内容。

　　国务院办公厅在《关于加强企业技能人才队伍建设的意见》中指出，当前和今后一个时期，企业技能人才队伍建设的主要任务是：充分发挥企业主体作用，健全企业职工培训制度，完善企业技能人才培养、评价和激励的政策措施，建设技能精湛、素质优良、结构合理的企业技能人才队伍，在企业中初步形成初级、中级、高级技能劳动者队伍梯次发展和比例结构基本合理的格局，使技能人才规模、结构、素质更好地满足产业结构优化升级和企业发展需求。

　　高技能人才是企业技术工人队伍的核心骨干和优秀代表，在加快产业优化升级、推动技术创新和科技成果转化等方面具有不可替代的重要作用。为促进高技能人才培训、评价、使用、激励等各项工作的开展，上海市人力资源和社会保障局在推进企业高技能人才培训资源优化配置、完善高技能人才考核评价体系等方面做了积极的探索和尝试，积累了丰富而宝贵的经验。企业高技能人才培养的主要目标是三级（高级）、二级（技师）、一级（高级技师）等，考虑到企业高技能人才培养的实际情况，除一部分在岗培养并已达到高技能人才水平外，还有较大一批人员需要从基础技能水平培养起。为此，上海市将企业特有职业的五级（初级）、四级（中级）作为高技能人才培养的基础阶段一并列入企业高技能人才培养评价工作的总体框架内，以此进一步加大企业高技能人才培养工作力度，提高企业高技能人才培养效果，更好地实现高技能人才培养的总体目标。

为配合上海市企业高技能人才培养评价工作的开展，人力资源和社会保障部教材办公室、中国就业培训技术指导中心上海分中心、上海市职业技能鉴定中心联合组织有关行业和企业的专家、技术人员，共同编写了企业高技能人才职业培训系列教材。本教材是系列教材中的一种，由上海市市容环境卫生行业协会负责具体编写工作。

企业高技能人才职业培训系列教材聘请上海市相关行业和企业的专家参与教材编审工作，以"能力本位"为指导思想，以先进性、实用性、适用性为编写原则，内容涵盖该职业的职业功能、工作内容的技能要求和专业知识要求，并结合企业生产和技能人才培养的实际需求，充分反映了当前从事职业活动所需要的核心知识与技能。教材可为全国其他省、市、自治区开展企业高技能人才培养工作，以及相关职业培训和鉴定考核提供借鉴或参考。

本教材在编写过程中，得到了上海市环境学校的大力支持，在此表示感谢。

新教材的编写是一项探索性工作，由于时间紧迫，不足之处在所难免，欢迎各使用单位及个人对教材提出宝贵意见和建议，以便教材修订时补充更正。

**企业高技能人才职业培训系列教材**
**编审委员会**

# 序

环境卫生工作与市民群众日常生活息息相关，是城市发展的重要基础，涉及市民群众的身体健康，展示城市的基本形象，保证城市功能的正常发挥。环卫职工是城市的美容师，是城市正常运转不可或缺的重要力量。然而，长期以来，环卫工作因为设备简陋、技术含量低，被一些人视为城市的低端岗位，环卫职工也被视为社会底层人员的代表。由于对有关环卫职业和岗位本身的研究不深，对岗位工种的细分、技术技能的钻研不够，因此，关于环卫学科的建设、技术工种等级的开发还有很大的空间。

随着现代城市的快速发展和群众生活质量的不断提升，对环卫工作和环卫职工都提出了越来越高的要求，环境卫生水平的高低，不仅成为展示地区经济社会发展状况的重要基础，更是衡量整个城市文明程度的关键指标。环卫工作日益精细，环卫装备不断更新，技术含量大幅提升，机械化、集成化、组合式技术的综合运用将逐步成为环卫作业的主流。而根据实际需求细分环卫工种，提升技能等级，打造一支高水平的新型环卫职工队伍成为当务之急。

感谢上海市市容环卫行业协会会同上海市职业技能鉴定中心等单位系统开发了环卫技术工种，明确了岗位技能等级标准，感谢他们和中国就业培训技术指导中心、人力资源和社会保障部教材办公室等上级部门和单位联合组织编写了这套教材，这是一项非常有意义的基础工作。特别要感谢所有参与教材编写的领导、编辑和撰稿人员，正是他们特有的职业敏感和敬业精神、前期扎实细致的工作，才促成了这套教材的面世。

真诚希望广大环卫职工以及相关人员阅后提出批评和建议。也希望编写人员再接再厉，不断加以完善，使之真正成为精品，更好地指导培训、指导实践。

原上海市绿化和市容管理局局长
现上海市政协人口资源环境建设委员会常务副主任

# 目　录

# 第1章
# 道路保洁概论

## 第1节　道路保洁的历史沿革

### 学习目标

- 了解道路保洁的历史发展过程

### 知识要求

　　道路保洁是城市保洁系统的一个重要组成部分，属于城市公共保洁服务范畴，在城市建设和发展中占有一席之地，是城市建设和发展的一个重要窗口，更是两个文明建设的重要窗口，同时也是城市发展水平的重要标志，是关系到市民生活质量的重大民生问题。因此，城市道路保洁是市容环境卫生管理的一项基础性工作，是维护城市环境、造福人民、奉献社会的利民工程。城市道路保洁服务工作则是城市市容环境管理水平直接的、外在的体现，是现代城市对环境质量、生活质量的基本要求和反映。

　　整洁的道路市容环境和良好的生活环境需要常规性的保洁管理和清洁服务的支撑。专业化的市容保洁服务承担着清洁、维护城市环境的重要任务，有效地保证了城市常住常新、井然有序的面貌。专业化的市容保洁服务可以营造和维持整洁优美、方便舒适的市容及安全健康的城市办公环境、居住环境，既为民造福，又为政府分忧。

## 一、道路保洁的定义、种类及废弃物概念

### 1. 道路保洁的定义

道路保洁是指利用人力和机械手段对道路上的污染物进行清扫清除和清洁维护，以恢复和保持其原有的状况，达到城市道路环境整洁的清洁过程。

### 2. 道路保洁的种类

从作业方式来看，道路保洁的种类有机扫车清扫作业、人工清扫作业、机械和人工配合清扫作业三种形式。

目前上海推行的主要是"六位一体"的道路新型保洁法，即在道路保洁中最大限度地发挥人扫、机扫、冲洗组合优势，即以机扫、冲洗、人工扫、拣扫为主，对沿街单位（商店）、居民产生的生活垃圾实行上门收集，配置满足垃圾投放需求的废物箱，环卫质量监督管理人员巡回监督为辅的全天候道路综合保洁法。

### 3. 废弃物概念

废弃物是指人类在生存和发展中产生的，并在一定时间和地点无法利用而被丢弃的污染环境的固体、半固体废弃物质，它对持有者是没有继续保存和利用价值的，故通常称垃圾。

随着经济的发展、人口的不断增多以及人民生活水平的日益提高，城市垃圾的产生量也日渐增多，但得不到有效的处理，将对城市生态环境及周边的水体、大气、土壤等造成严重的污染，且造成垃圾中大量有用资源浪费。因此，城市生活垃圾减量化、资源化、

无害化处理已越来越受到政府与公众的重视。垃圾资源化是指将废弃物中的某些物质进行资源利用的过程。废弃物回收率是指废弃物中已回收（利用）物资占废弃物中可回收利用物资总量的比例。

## 二、道路保洁的历史演变

上海道路保洁的历史久远，可追溯到 13 世纪上海建县时。

上海从 1291 年建县，到 19 世纪 40 年代，城镇之内已有大街小巷 60 多条，人口 20 多万。城市中除重点道路，如巡道署、县署周围要保持整洁，有夫役专司清扫之外，其余道路基本处于各家"自扫门前雪"的自然状态，不见有专业清扫队伍的记载。

20 世纪以前，上海市区的居民生活垃圾和商店的垃圾都倒在道路上，在清扫道路时被一并扫除。清光绪二十三年（1897 年），公共租界率先设置垃圾箱，并要求居民和商店将垃圾倒入箱内，从而减少了道路上的垃圾，有利于保持道路整洁，也使租界内道路清扫与垃圾清除逐渐分离，形成了专司道路清扫的工种。由于上海市区长期"三界"（公共租界、法租界和华界）分治，租界的道路条件明显优于华界，在租界的个别地区后来还使用清扫机清扫道路，因而道路整洁程度较高。而华界道路较差，且清扫道路与清除垃圾合一，工具落后，人员不足，因此道路保洁水平亦较低。20 世纪40 年代全市环境卫生工作统一后，道路清扫绝大部分使用人力，采取个人分段包干的方法，没有统一清道标准，以扫"清"为度。

新中国成立后，上海加强了道路清扫管理，针对新中国成立前单一的个人分段包干的清道方法，创造了各种集体清道法、线性规划清道工作法等，并根据不同道路和周围的环境，制定了道路清扫等级、清扫标准、清扫定额等。1950 年，根据不同路面和道路的交通等情况，上海提出了不同道路分别日扫 1～4 次和隔日扫 1 次的要求。以后又陆续制定了不同道路的保洁标准，确定了清道工人的劳动定额。20 世纪 80 年代，随着城市建设的发展，上海按街道商业繁荣程度、人流量、车流量等，将道路清扫划分为特级、一级、二级、三级四个等级，并规定了不同的清扫规范和标准，道路清扫逐渐形成规范化管理。道路清扫、冲洗、洒水相配合，专业清扫与群众保洁相结合，使道路的整洁水平有了明显的提高。1990年，部分道路清扫实行两班制，清扫保洁时间为 14～16 h；后又在部分重点地段实行两班半清扫保洁，时间达 18 h。清扫次数的增加和保洁时间的延长，有效提高了道路整洁度。

为提高道路的整洁水平，1952 年，市区的主要道路上设置了废物箱，平均每个废物箱每天可收集约 0.5 kg 垃圾，取得了较好的效果，年底又设置 5 223 个废物箱。此后，单用废物箱发展为二用（连痰盂）、三用（可放盆花）废物箱；木制废物箱发展为水泥、塑料、不锈钢废物箱。废物箱的外观也从比较简陋的发展为带有装饰性的，并与周围环境相协调。废物箱一般设置在道路两侧、路口及各类交通客运设施、公共设施、广场、社会停车场等的出入口。废物箱应美观、卫生、耐用，并能防雨、抗老化、防腐、阻燃。废物箱的设置应便于废物的分类收集，分类废物箱应有明显标识并易于识别。根据《上海市城镇环境卫生设施设置规定》，废物箱设置标准为：商业文化大街设置间距为 30～50 m，主要交通道路设置间距为 80～100 m，其他道距设置间距为 150～200 m。废物箱的设置不仅减少了道路上的垃圾，也为市民养成不乱丢垃圾、不随地吐痰的卫生习惯创造了条件。截至 2013 年年底，全市共设置道路废物箱 89 266 个。

与此同时，道路清扫也从一把扫帚、一只簸箕向使用扫路车发展。据记载，在 19 世纪 80 年代租界已使用扫路车，但无实物留存。1952 年，上海研制成功新中国成立后第一辆手推扫路车后，扫路车逐渐从人力向机械化发展，从小型逐渐向中型过渡，机械清扫与洒水、人扫相结合，既提高了工作效率，减轻了工人的劳动强度，又改善了清道工人的形象。但是，因机械扫路车存在的性能、质量及费用较高等问题，1982年后扫路车减少，清扫面积缩小，引起了市、区环境卫生管理部门的重视，政府通过引进和消化创新相结合，试制成一批效果较好的扫路车并投入使用。在1992—1994年，市政府拨款1 900万元，引进和更新进口扫路机和国产扫路车58辆。截至2013年年底，全市共有各种扫路机（车）619辆、清扫车223辆、清洗（洒水）车366辆，道路机械清扫能力达到11 774万 $m^2$，清扫机械发挥了很大作用。同时，清扫作业与监察执法相结合，促进了道路保洁水平的提高。上海市的道路保洁面积由1993年的2 890万 $m^2$ 增加到2013年的17 385万 $m^2$，20年间增长了6倍。从1997年起，上海市开始大规模推行机械化清扫，到2006年10月，已有超过一半的道路采用机扫为主和人工清扫"补漏"的保洁方式。2007年，一场以冲洗为手段的"马路美容革命"蓬勃展开，上海市道路从"擦脸"到"洗脸"再到"精洗"，保洁水平不断提高。2010年世博会的成功举办又使上海市的道路保洁水平进一步得到提升和完善。

2011年，根据市政府"立足世博后城市管理长效机制建设，放大世博效应"的总体要求，为提高城市管理水平，提升政府对公共环境供给的水平和能级，努力营造"整洁、有序、美观"的道路环境，上海在100个街道（镇）的1 000条道路上推行了道路洁净工程。道路洁净工程是指道路保洁作业实行夜间作业、白天养护，加强污染源头控制，提高机械化作业水平，降低劳动强度，通过作业工艺合理配置，提升工作效率，减少垃圾滞留时间，以达到道路路面洁净的目的，为市民提供优质高效的公共产品和公共服务，实现了道路保洁作业由粗放型向精细化的转变。道路洁净工程的实施提高了道路洁净水平，提升了市民生活环境，打造了与国际大都市形象相匹配的道路环境卫生面貌。

# 第2节　道路保洁现状与展望

## 学习目标

● 了解道路保洁未来发展趋势

## 知识要求

优美的环境、清洁的面貌是文明城市最基本的要求，市容环卫行业已发展到一个新阶段，行业的管理职能越来越宽，管理任务日趋艰巨，市民对道路整洁的期望日益增强，而且随着形势任务的发展，实际工作中会不断遇到新矛盾、新问题、新"瓶颈"，如何解决这些矛盾、问题和"瓶颈"？传统的方法、手段显然已无济于事，唯有依托科技进步，依靠科技兴业，依靠管理思路、管理手段和管理方式的创新。科技兴业是提升行业水平和能级、实现跨越式发展的必由之路。道路保洁的发展趋势是探索新型道路保洁法，提高服务效率。根据市区、中心城区、新城区环境的不同特点，改变传统的环卫作业模式，科学合理地制定道路保洁计划和保洁方式，使人工保洁、巡回保洁与机械化保洁有机结合，提高工作效率。

### 一、上海市道路清扫保洁目前现状

#### 1. 上海道路清扫保洁基本情况

截至 2013 年年底，上海全市环卫管理部门上报的道路清扫保洁总面积为 17 385 万 $m^2$、长度为 929 万 m；全市机扫面积为 11 774 万 $m^2$、机扫率达 67.7%，冲洗面积为 10 835 万 $m^2$、冲洗率达

62.3%。

## 2. 上海道路清扫保洁装备现状

在道路清扫方面，上海普遍使用 3 t 级通用底盘改装的扫路车，紧凑型扫路车装备量约占扫路车总数的 10%，其中有部分进口扫路车。

在道路保洁方面，上海市通过对清扫作业装备改良，突出低碳环保理念，使用小工具，并用电动扫路机、电动巡回保洁车等小型电动保洁机具替代人工保洁，推进了保洁作业机械化，提高了工作效率和保洁质量，减少了道路保洁的二次污染。各种类型的道路清扫保洁装备的组合作业，充分发挥出各类装备的功能特点和性能优势，逐步形成城市道路清扫保洁作业体系。

在道路清扫保洁监管工作中，上海市重视发挥信息化、数字化系统优势，通过 GPS 实时监控，全天候、全时段掌握车辆作业、道路环境状况，及时做好车辆作业管控、定位和调度，优化作业线路，减少移场里程，增强应急处置能力，提高了道路清扫保洁装备的使用效率。

## 3. 上海道路清扫保洁工艺配置现状

目前，上海道路清扫保洁工艺配置已形成较完善的道路清扫保洁作业流程。通过近年来，尤其是世博会后对道路清扫保洁工艺的总结提炼，上海明确了道路清扫保洁的"收、拾、淋、扫、冲、磨、清、运、巡"九个作业流程。这九个流程具体如下：对路边商户采取上门收集垃圾等措施，从源头上减少对道路的污染；对路边大件垃圾进行捡拾，为机械化清扫做好准备；对道路的喷淋防止了机械清扫过程中产生扬尘；实施机械化清扫，能够快速清除沟底垃圾；实施机械化高压冲洗，能够洗净道路灰尘；实施机械洗磨，通过对道路深度打磨并将污水吸尽还原道路原貌；实施人工清扫，能够灵活机动地对空白区域进行保洁；沿路收集人工清扫所产生的清道垃圾，避免了垃圾中转造成二次污染；实施快速巡回保洁，将垃圾路面滞留时间控制在 20 min 以内。根据上海道路的不同，将这九种作业方式根据不同路况进行适当组合，如，行人走得比较少的就是"三步法""四步法"，人比较多就可能是"六步法"，最复杂的道路就是"九步法"。

## 二、道路保洁未来展望

### 1. 道路保洁机械化

随着城市化进程的不断加快，许多新兴的中小城市正在崛起，城市化规模不断扩大，同时随着我国公路里程的不断增加，路面清洁养护已显得越来越重要，路面清扫车的市场前景日渐看好，路面保洁采用路面清扫车作业已经成为一种趋势。路面清扫车作为环卫设备之一，是一种集路面清扫、垃圾回收和运输为一体的新型高效清扫设备，可广泛应用于干线公路、市政及机场道面、城市住宅区、公园等道路的清扫。目前在国内利用路面清扫车进行路面养护已经成为一种潮流，路面保洁工作从人力向机械化转变的时代已经到来。

大力发展城市道路保洁作业机械化，城市道路与公共区域基本实现机械化清扫、冲洗、保洁，使道路保洁机械化有了新的突破。

### 2. 道路保洁精细化

上海世博会之后，道路保洁作业工艺配置已经能够初步根据道路属性、车辆行人流量、气候变化等因素进行差别化配置，不再一成不变。道路保洁作业流程设定按照 1＋X 进行，1 是指在此类道路保洁中必须要做到的流程，一般来说包括"机械清扫、人工清扫、快速保洁、上门收集"等，是最低标准。X 是指可以根据实际情况增加的工艺。如有的区域对废物箱内桶不再是在道路上简单地擦擦洗洗，而是采取空桶换满桶、脏桶集中清洗的模式；有的区域为了减少道路环境的源头污染，对商业网点路段加大垃圾上门收集力度，并根据收集要求一店配置一桶，杜绝和减少商店垃圾的污染源。

### 3. 道路保洁科技化

过去，在一些人眼中，环卫工作就是扫大街，不需要复杂的技术，只需要大量的重复劳动，"技术含量低""落后"在某种程度上成了环卫行业的代名词。然而，时代不同了，未来环卫行业科技化水平越来越高，随着 GPS 卫星定位系统等一批代表环境卫生发展的新技术和新产品的推广运用，城市环境卫生工作正进入"数字时代"。未来道路清扫车、冲洒水作业车将全部安装 GPS 定位监管系统，道路清洁作业全部实现定时或实时跟踪，同时，GIS 地理信息系统将与现有的 GPS 系统实现对接。

在环卫作业车上安装 GPS 卫星定位系统，运用该系统将进一步提升路面动态作业机械化保洁程度。GPS 定位系统主要由车载终端，定位卫星网络、无线及有线通信网络，监控中心等构成，集车辆定位、跟踪、监控、导航等功能于一体。GPS 系统将车载终端安装于每辆车上，利用 GSM（全球通数字移动电话）和无线寻呼系统实现大范围调度，由监控中心对行驶的车辆进行即时的动态管理。一旦发现路上有机械很难清除的垃圾或积水，操作员可通过卫星定位系统，对环卫作业实施现场定位、调度、导航，有效提高道路清扫率和降低作业成本。

## 理论知识复习题

### 一、判断题（将判断结果填入括号中。正确的填"√"，错误的填"×"）

1. 道路洁净工程是指道路保洁作业实行夜间作业、白天养护，加强污染源头控制，提高机械化作业水平，降低劳动强度，通过作业工艺合理配置，提升工作效率，减少垃圾滞留时间，以达到道路路面洁净的目的。　　　　　　　　　　　　　　　（　　）

2. 城市道路保洁不是市容环境卫生管理的一项基础性工作。

（　　）

3. 废弃物是指人类在生存和发展中产生的，对持有者没有继续保存和利用价值的废弃物质。　　　　　　　　　（　　）

4. 废弃物回收（利用）率是指废弃物中已回收（利用）物资占废弃物总量的比例。　　　　　　　　　　　　（　　）

5. 垃圾资源化是指将废弃物中的某些物质进行资源利用的过程。　　　　　　　　　　　　　　　　　　　　（　　）

二、单项选择题（选择一个正确的答案，将相应的字母填入题内的括号中）

1. 下列不属于道路洁净工程包含要素的是（　　）。

    A. 作业设备　　　　　　　　B. 人员素质

    C. 管理水平　　　　　　　　D. 道路畅通

2. 关于洁净工程，下列说法正确的是（　　）。

    A. 白天作业　　　　　　　　B. 夜间养护

    C. 夜间作业、白天养护　　　D. 夜间养护、白天作业

3. 以下不属于道路清扫保洁作用的是（　　）。

    A. 维护城市环境　　　　　　B. 奉献社会

    C. 保障道路畅通　　　　　　D. 造福人民

4. 以下不属于道路清扫保洁地位的是（　　）。

    A. 两个文明建设的重要窗口

    B. 城市发展水平的重要标志

    C. 提升经济发展

    D. 关乎市民生活质量的重大民生问题

5. 废弃物通常称垃圾，存在形态不包括（　　　）。

　　A. 固态　　　　　　　　　B. 半固态

　　C. 液态　　　　　　　　　D. 气态

6. （　　　）是指人类在生存和发展中产生的，对持有者没有继续保存和利用价值的废弃物质。

　　A. 生活垃圾　　　　　　　B. 废弃物

　　C. 工业垃圾　　　　　　　D. 医疗垃圾

7. 废弃物（　　　）是指废弃物中已回收（利用）物资占废弃物中可回收利用物资总量的比例。

　　A. 使用率　　　　　　　　B. 完好率

　　C. 有用率　　　　　　　　D. 回收率

8. 废弃物回收（利用）率是指废弃物中已回收（利用）物资占（　　　）的比例。

　　A. 废弃物总量

　　B. 废弃物中不可回收利用物资总量

　　C. 废弃物中可回收利用物资总量

　　D. 利用物资总量

9. 垃圾资源化是指将（　　　）中的某些物质进行资源利用的过程。

　　A. 资源　　　　　　　　　B. 废弃物

　　C. 不可回收利用物资　　　D. 有害垃圾

10. （　　　）是指将废弃物中的某些物质进行资源利用的过程。

　　A. 废弃物回收　　　　　　B. 废弃物利用

　　C. 垃圾分类　　　　　　　D. 垃圾资源化

# 理论知识复习题答案

**一、判断题**

1. √    2. ×    3. √    4. ×    5. √

**二、单项选择题**

1. D    2. C    3. C    4. C    5. D    6. B    7. D    8. C

9. B    10. D

# 第2章

# 市容环卫行业相关法律法规、职业道德及礼仪规范

## 第1节 市容环卫行业相关法律法规

### 学习目标

● 了解市容环卫行业相关法律法规及其主要内容

### 知识要求

#### 一、城市环境卫生管理立法概况

#### 1. 行政法规

1992 年 6 月 28 日，由国务院发布并在 1992 年 8 月 1 日起实施的《城市市容和环境卫生管理条例》对环境卫生管理做出明确要求。

#### 2. 部门规章

1994 年 4 月 12 日，建设部发布并实施的《城市道路和公共场

所清扫保洁管理办法》对加强城市道路和公共场所清扫保洁管理提出了专项要求。

### 3. 地方性法规

2002 年 4 月 1 日起施行并于 2009 年 2 月 24 日修改的《上海市市容环境卫生管理条例》对环境卫生管理做出明确要求。

### 4. 政府规章

1999 年 10 月 1 日起施行的《上海市道路和公共场所清扫保洁服务管理暂行办法》和 2012 年 5 月 2 日上海市人民政府令第 83 号公布，2012 年 7 月 1 日起施行的《上海市道路和公共场所清扫保洁服务管理办法》对道路和公共场所清扫保洁服务及相关管理活动做出明确要求。

### 5. 地方标准

2011 年上海市质监局发布并实施的《道路和公共广场及附属公共设施保洁质量和服务要求》（标准号为 DB/T 524—2011），规定了环境卫生对象分类及等级划分、保洁服务一般要求、保洁质量要求与环境卫生控制指标、保洁作业要求。

## 二、法律规范环境卫生管理的主要内容

### 1. 适用范围

（1）《城市市容和环境卫生管理条例》适用范围：在中华人民共和国城市内，一切单位和个人都必须遵守本条例。

（2）《城市道路和公共场所清扫保洁管理办法》适用范围：进行城市道路和公共场所清扫、保洁管理的单位和个人，以及在城市道路和公共场所活动的单位和个人，必须遵守本办法。

（3）《上海市市容环境卫生管理条例》中环境卫生管理适用范围：适用于本市中心城、新城、中心镇及独立工业区、经济开发区

等城市化地区。

（4）《上海市道路和公共场所清扫保洁服务管理办法》适用范围：适用于本市道路和公共场所清扫保洁服务及其相关的管理活动。

（5）《道路和公共广场及附属公共设施保洁质量和服务要求》适用范围：适用于道路和公共广场、公共绿地、道路公共设施等市容环境对象的质量和检查评价及保洁服务。

**2. 主管部门**

国务院城市建设行政主管部门负责全国城市市容和环境卫生工作。

上海市人民政府城市建设行政主管部门负责本行政区域的城市市容和环境卫生管理工作。

上海市市容环境卫生行政管理部门负责本行政区域的城市市容和环境卫生管理工作。

**3. 环境卫生责任区制度**

（1）责任区范围。责任区范围是指有关单位和个人所有、使用或者管理的建筑物、构筑物或者其他设施、场所及其一定范围内的区域。

市容环境卫生责任区的具体范围是由市或者区（县）市容环境卫生管理部门，按照市容环境卫生管理部门公布的标准划分确定的。

（2）责任人

1）实行物业管理的居住区由物业管理企业负责，未实行物业管理的居住区由居民委员会负责。

2）河道的沿岸水域、水闸等由岸线、水闸的使用或者管理单位负责。

3）地铁、轻轨、隧道、高架道路、公路、铁路等由经营、管理单位负责。

4）文化、体育、娱乐、游览、公园、公共绿地、机场、车站、码头等公共场所由经营、管理单位负责。

5）集市贸易市场、展览展销场所、商场、饭店等场所由经营、管理单位负责。

6）机关、团体、学校、部队、企事业等单位周边区域由相关单位负责。

7）施工工地由施工单位负责，待建地块由业主负责。

8）保税区、科学园区、独立工业区和经济开发区内的公共区域由管理单位负责。

（3）责任要求

1）保持市容整洁，无乱设摊、乱搭建、乱张贴、乱涂写、乱刻画、乱吊挂、乱堆放等行为。

2）保持环境卫生整洁，无暴露垃圾、粪便、污水，无污迹，无渣土，无蚊蝇孳生地。

3）按照规定设置环境卫生设施，并保持其整洁、完好。

（4）监督检查。市容环境卫生管理部门应当加强对责任区市容环境卫生的监督，并定期组织检查。

### 4. 作业服务管理

（1）管理方式。上海市鼓励单位和个人兴办市容环境卫生作业服务企业，逐步实行市容环境卫生作业服务市场化。

（2）管理要求。从事市容环境卫生作业服务，应当遵循市容环境卫生作业服务规范，达到市容标准和城市环境卫生质量标准，做到文明、清洁、及时。

道路和公共场所的清扫、保洁应当在规定的时间进行，减少对道路交通和市民休息的影响，减少对环境的污染。垃圾应当及时清除。

（3）监督检查。市和区（县）市容环境卫生管理部门应当按照职责分工，对市容环境卫生作业服务质量进行监督、检查。

### 5. 道路和公共场所清扫保洁服务管理

（1）道路的含义。道路包含以下内容：

1）城市道路。

2）经区（县）人民政府认定，在城市化地区内按照城市道路清扫保洁标准进行作业的特定公路段。

3）未纳入物业管理区域的街巷、里弄内的通道。

4）连接同一行政村内的村间小路，供行人或者车辆通行的村内通道。

（2）质量标准要求。道路和公共场所清扫保洁应符合上海市质监局发布的《道路和公共广场及附属公共设施保洁质量和服务要求》。

（3）管理部门及责任主体。市绿化市容行政管理部门是上海市道路和公共场所清扫保洁服务的主管部门。区（县）绿化市容行政管理部门按照规定职责，负责所在行政区域内道路和公共场所清扫保洁服务的管理。上海市道路和公共场所清扫保洁服务的责任人分别是：

1）城市道路、特定公路路段和公共场所由区（县）绿化市容行政管理部门或者乡（镇）人民政府负责。

2）街巷、里弄内通道由镇人民政府或者街道办事处负责。

3）村内通道由村民委员会负责。

# 第2节 市容环卫行业职业道德

## 学习目标

● 了解职业道德的含义和基本规范
● 掌握市容环卫行业职业道德的主要内容

## 知识要求

### 一、道德与职业道德

#### 1. 道德的内涵

每个人都生活在一定的社会环境中，在这个特定的环境中必然要与他人、社会、自然界之间发生各种关系。这些关系错综复杂，往往会产生各种矛盾，以及对待这些矛盾的不同态度和行为。而约束、调整这些关系就要运用一定的规范，这种规范就是道德。道德是调节个人与自我、他人、社会和自然界之间关系的行为规范的总和，是靠社会舆论、传统习惯、教育和内心信念来维持的。它渗透于各种社会关系中，既是人们行为应当遵循的原则和标准，又是对人们思想和行为进行评价的标准。

#### 2. 职业道德的含义

职业道德，是指人们在一定的职业活动范围内所遵守的行为规范的总和，是所有从业人员在职业活动中应该遵循的行为准则，它涵盖了从业人员与服务对象、职业与职工、职业与职业之间的关系，是人们在从事职业的过程中形成的一种内在的、非强制性的约束机制，属于自律范畴。职业道德是长期以来自然形成的，是一种职业规范，受到社会的普遍认可。职业道德没有确定形式，通常体现为观念、习惯、信念等。它既是本行业人员在职业活动中的行为规范，又是行业对社会所负的道德责任和义务。职业道德具有继承性、多样性、职业性等特征。

## 二、职业道德基本规范

全社会的职业分工多种多样，每一种职业都有其职业道德，但总的要求和主要内容是"爱岗敬业、诚实守信、办事公道、服务群众、奉献社会"，这也是职业道德的基本规范。

### 1. 爱岗敬业

爱岗是指热爱自己的工作岗位，热爱本职工作。敬业是指珍惜、珍爱所从事的职业，有锐意进取的事业心。爱岗敬业就是指热爱自己的工作岗位，热爱自己所从事的职业，以恭敬、严肃、负责的态度对待工作，做到一丝不苟、兢兢业业、专心致志。

### 2. 诚实守信

诚实守信是指待人处事真诚坦白，信守诺言、承诺，做到讲真话、讲信用、讲信誉。

### 3. 办事公道

办事公道是指在处理问题时要站在公正的立场上，对当事双方公平合理、不偏不倚，对任何人都以同一尺度衡量，按同一标准办事。

### 4. 服务群众

服务群众是指在职业活动中真心对待群众、尊重群众、方便群众，想群众所想，急群众所急。

### 5. 奉献社会

奉献社会是职业道德中的最高境界，就是将自己的职业活动融入为社会做奉献的理念，积极为社会做贡献。

## 三、市容环卫行业职业道德规范

市容环境卫生管理部门在加强城市市容环境卫生管理、维护城市整洁优美、保障市民身体健康、促进精神文明建设中有着特殊的地位、作用和使命。因此，市容环境卫生管理部门在长期的实践中形成了适合本行业的职业道德基本规范。

### 1. 市容环卫行业职业道德的形成

俗话说："万丈高楼平地起。"一个行业的职业道德是行业的灵魂，是这个行业在长期发展延续的历程中积淀的文化取向，是推进行业发展的内在动力。它通过行业职工的行为准则，体现了行业的气质和价值追求，是行业精、气、神的有机组成。

多年来，市容环卫行业将培育和弘扬职业道德作为推进行业文化建设的首要工作，并不断与新时代精神相融合。20世纪70年代，市容环卫行业以"宁愿一人脏，换来万人洁"的行业精神，鼓励广大从业人员为上海城市环境的整洁优美而甘于奉献。80年代，以"辛苦我一人，幸福千万家"的行业精神，为上海城市更美、生活更好而爱岗敬业、服务社会。90年代，以"把苦留给自己，把美奉献申城"的行业精神，形成以建设系统"十大服务标兵、上海市劳动模范朱武巧"为代表的一批默默奉献、追求一流的先进典型。

21世纪以来，市容环卫的作业方式、管理模式形成了现代管理的新格局。城市形象的变化、城市功能的提升丰富和拓展了市容环卫的内涵和外延，也锤炼着行业精神，使之不断升华。"以我心灵美，创造市容美"的新行业精神应运而生。在这种行业精神的引领下，一批科技型、管理型、知识型的先进典型在行业中涌现。在开展"强素质、树形象、展风貌"为主题的行业文化艺术系列活动和在以"党建带行建，党风促行风"精神的引导下，形成了市容环卫行业的职业道德基本规范。

### 2. 市容环卫行业职业道德基本规范

（1）热爱工作、礼貌待人。市容环卫员工是"城市美容师""马路天使"，从事的是公益性事业，关系到城市的整体形象。整洁、卫生、美观是城市文明的标志。因此，市容环卫员工所从事的职业是一个高尚而光荣的职业。市容环卫员工要弘扬"宁愿一人脏，换来万人洁"的行业精神，热爱本职工作，具有强烈的责任感和事业心，奉献社会，服务环卫，在工作中礼貌待人、文明作业，充分体现市容环卫员工应有的道德与风尚。

（2）安全作业、规范服务。市容环卫员工在作业过程中，要树立高度的自我保护意识，自觉遵守各项安全操作规程和交通规则，严格遵守本岗位职责、作业流程、操作规程和保洁要求，以规范的服务、良好的质量，全力净化环境、美化城市。清扫保洁人员要做到安全作业，文明操作，控制扬尘，避免扰民，无洒落、飞扬、滴漏现象，爱护环卫机具和公共设施，保持工具设施的清洁完好，发现破损及时报修等。

（3）团结协作、勤于保洁。市容环卫员工要识大体、顾大局，团结协作、互帮互助，在作业中既要不辞辛劳、勤于保洁，又要善于宣传有关规定，如在作业过程中对乱扔垃圾的行人应当及时劝阻等，积极争取市民的支持，共同维护城市环境卫生。

## 四、创文明行业，做文明职工

创建文明行业活动是伴随着社会主义市场经济的发展完善而不断深入推进的，它是群众性精神文明创建活动的重要组成部分，是把物质文明和精神文明建设任务有机结合、促进各行各业经济效益与社会效益共同提高的得力抓手，也是纠正行业不正之风、全面提高行业文明程度的有效途径。上海市市容环卫行业以"创品牌、强素质、树形象"为创建任务，通过在全行业开展文明创建工作，使全行业从业人员为市民提供高效、规范的优质服务。

因此，市容环卫行业员工应在"以我心灵美，创造市容美"行业精神的引领下，树立"诚信、敬业、创新、合作"的上海城市保洁精神，积极参加职业培训，掌握新的技能和技术，提高自身的业务水平和综合素质，以文明优质的窗口服务水平和整洁优美的城市环境，为行业发展提供持续的动力，树立良好的社会形象。

# 第3节 市容环卫行业职工行为规范、文明礼仪和职业守则

## 学习目标

- 熟悉行业职工行为规范及文明礼仪知识
- 熟悉清道员工职业守则

## 知识要求

### 一、行为规范

行为规范是指群体成员普遍认同的有关群体成员的行为标准，是群体成员共同遵循的活动原则和行为标准，包括仪容规范、举止规范、着装规范、礼节规范和用语规范等。

仪表仪容是指人的外表，包括容貌、姿态、服饰等方面。仪表仪容是一个人精神面貌的外在体现，是人际交往中一个不可忽略的重要因素。良好的仪表仪容既是自尊自爱的体现，又是对岗位工作高度的责任心与事业心的反映。

### 1. 举止规范

举止规范、举止文明是仪态举止的内容之一。

（1）站姿：不倚靠，不叉腰，不合抱双臂，不手插裤兜。

（2）坐姿：不抖动腿脚，不在公共场所席地而坐。

（3）行走：多人行走时，应自然成队，避免影响车辆和他人通行。

（4）手势：与人交谈时的手势不宜过多，动作不宜过大，更不可手舞足蹈。

（5）在岗：严禁擅自离岗，严禁扎堆聊天、听音乐、长时间私人通话或短信交流等与工作无关的活动。

（6）休息：轮岗休息期间，不打牌、不玩游戏，不聚众喧闹。

### 2. 仪容规范

（1）统一着装，佩戴胸卡。上岗时着统一制服，遵守着装规范，佩戴工号牌或统一制作的标志。

（2）着装整洁，无异味。衣着应干净平整，忌残破、异味和污迹。每日更换工作服，上岗前认真检查着装，发现问题及时纠正。

（3）仪容整洁，无污垢。保持仪容整洁，特别是面容清洁，做到面部无灰尘、无泥垢。外出归来、午休完毕、接触灰尘之后，均应及时洗脸，保持面部干净清洁。

（4）面带微笑，热情服务。微笑的美在于文雅、适度、亲切自然，符合礼貌规范，微笑要诚恳和发自内心，作业、服务时要热情周到。

### 3. 谈吐礼节

交谈的基本原则是尊敬对方和自我谦让，具体要注意以下几个方面：

（1）态度诚恳亲切。说话时的态度是决定谈话成功与否的重要因素，因为双方在谈话时始终都相互观察对方的表情、神态，反应较为敏感，所以谈话中一定要给对方一个认真、和蔼、诚恳的感觉。

（2）措辞谦逊、文雅。措辞的谦逊、文雅体现在以下两方面：对他人应多用敬语、敬辞；对自己则应多用谦语、谦辞。

（3）语音、语调平稳柔和。在句式上，应少用否定句，多用肯定句；在用词上，要注意感情色彩，多用褒义词、中性词，少用贬义词；在语气语调上，要亲切柔和、诚恳友善，不要以教训人的口吻谈话或摆出盛气凌人的姿态，注意使用谦辞和敬语，忌用粗鲁污秽的词语；在交谈中，注重眼神交流，面带真诚的微笑，以增加感染力。

（4）谈话要掌握分寸。善意的、诚恳的、赞许的、礼貌的、谦让的话应该多说；恶意的、虚伪的、贬斥的、无礼的、强迫的话语不应该说。语言交际中必须对说话进行有效的控制，掌握说话的分寸，才能获得好的效果。

（5）交谈注意忌讳。在一般交谈时要坚持"六不问"原则。年龄、婚姻、住址、收入、经历、信仰属于个人隐私，不要好奇地询问，也不要问及对方的残疾和需要保密的问题。在谈话内容上，一般不要涉及疾病、死亡、灾祸等不愉快的事情，不谈论荒诞离奇、耸人听闻、黄色淫秽的事情。

（6）交谈要注意姿态。交谈中双方应互相正视、互相倾听，不要东张西望、左顾右盼。交谈过程中眼睛不应长时间地盯住对方的某一位置，让对方感到不自在。交谈时不要懒散或面带倦容、哈欠连天，也不要做一些不必要的小动作，如玩指甲、弄衣角、搔脑勺、抠鼻孔等。

## 二、礼貌用语

### 1. 基本礼貌用语

（1）"问候语"要热情。代表性用语是"您好！""有什么可以帮您？""您需要帮助吗？"等。

（2）"请托语"要真诚。代表性用语是"请""麻烦您……""劳驾……"等。

（3）"感谢语"要诚挚。代表性用语是"谢谢""非常感谢"等。

（4）"道歉语"要诚恳。代表性用语是"抱歉""对不起""请原谅"等。

除此之外，日常工作中可能用到的语言还会有很多，但无论表达的技巧和方式如何，都必须体现出真挚、中肯和尊重的态度，这是一个最基本的原则。

### 2. 行业礼貌用语

在工作中使用语言时，既要重视自己"说什么"，也要重视自己"如何说"。语言规范包括语感自然、亲切，语速适中，语意明确。

（1）清扫保洁

◆请不要乱扔垃圾。

◆请不要随地吐痰。

◆对不起，碰到您的鞋了。

◆麻烦您让一下。

（2）垃圾收运

◆对不起，请您稍等一会儿。

◆我们正在工作，请您不要走近。

（3）废物箱保洁管理

◆请把垃圾扔在这个废物箱里。

◆地面有点湿，请您小心。

## 三、清道员工职业守则

清道员工职业守则是道路清扫人员在工作时必须遵守的规则，这些规则包括清扫工在工作过程中需要遵守的规章制度和劳动纪律。

1. 员工的一言一行、一举一动都代表企业的形象，要以理行事、文明做人。

2. 严格遵守国家法律法规和公司的各项规章制度，做到令行禁止，执行能力强。

3. 服从公司的工作安排，爱岗敬业、忠于职守，自觉履行各项工作职责。

4. 遵守劳动纪律，举止文明、言行一致，不说假话、谎话、闲话，不搬弄是非。

5. 强化安全意识，重视自己与他人的安全；坚持以人为本，注重环境保护，在工作过程中不随意归置废弃物，并注意废弃物的合理分类和处理。

6. 培养正直的品格，做一个勤勉敬业的好员工及遵纪守法的好公民。

 **理论知识复习题**

**一、判断题（将判断结果填入括号中。正确的填"√"，错误的填"×"）**

1. 《上海市市容环境卫生管理条例》自 2002 年 4 月 1 日起

施行。 （ ）

2. 市容环境卫生责任区是指个人所有、使用或者管理的建筑物、构筑物或者其他设施、场所及其一定范围内的区域。 （ ）

3. 职业道德是指人们在职业生活中应遵循的基本道德。

（ ）

4. 职业道德不属于自律范围。 （ ）

5. 职业道德是一种职业规范，不受社会普遍的认可。 （ ）

6. 职业道德的主要内容包括爱岗敬业，诚实守信，办事公道，服务群众，奉献社会。 （ ）

7. 市容环卫员工要识大体、顾大局，团结协作、互帮互助。

（ ）

8. 举止文明是仪态举止的内容之一。 （ ）

9. 市容环卫员工不必每日更换工作服。 （ ）

10. 交谈的基本原则是尊敬对方和自我谦让。 （ ）

11. 日常工作中使用的语言必须体现出真挚、中肯和尊重的态度。 （ ）

12. 在工作中使用语言时，既要重视自己"说什么"，也要重视自己"如何说"。 （ ）

**二、单项选择题（选择一个正确的答案，将相应的字母填入题内的括号中）**

1.《上海市道路和公共场所清扫保洁服务管理暂行办法》自（ ）起施行。

　　A. 1998 年 10 月 1 日　　　　B. 1999 年 10 月 1 日
　　C. 2000 年 11 月 1 日　　　　D. 2001 年 11 月 1 日

2.《上海市市容环境卫生管理条例》自（ ）起施行。

　　A. 2000 年 4 月 1 日　　　　B. 2001 年 4 月 1 日
　　C. 2002 年 4 月 1 日　　　　D. 2003 年 4 月 1 日

3. 市容环境卫生责任区的具体范围由（　　）划定。

    A. 市政府

    B. 区政府

    C. 街道

    D. 市或者区（县）市容环境卫生管理部门

4. （　　）应当加强对市容环境卫生责任区的监督检查。

    A. 市政府　　　　　　　　B. 区政府

    C. 街道　　　　　　　　　D. 市容环境卫生管理部门

5. 沿街单位门前的环境卫生保洁责任应该是（　　）。

    A. 街道　　　　　　　　　B. 环卫部门

    C. 沿街单位　　　　　　　D. 市政部门

6. 不符合市容环境卫生责任区制度责任要求的是（　　）。

    A. 无暴露垃圾　　　　　　B. 无污水

    C. 无污迹　　　　　　　　D. 无环境卫生设施

7. （　　）既是本行业人员在职业活动中的行为规范，又是行业对社会所负的道德责任和义务。

    A. 社会公德　　　　　　　B. 职业道德

    C. 职业规范　　　　　　　D. 道德品质

8. 以下职业道德含义不正确的是（　　）。

    A. 职业道德是一种职业规范，受到社会的普遍认可

    B. 职业道德是长期以来自然形成的

    C. 职业道德没有确定形式，通常体现为观念、习惯、信念等

    D. 职业道德有约束力

9. 职业道德中的最高境界是（　　）。

    A. 爱岗敬业　　　　　　　B. 诚实守信

    C. 办事公道　　　　　　　D. 奉献社会

10. 以下不属于职业道德特征的是（　　　）。

    A. 职业性　　　　　　　　　B. 多样性

    C. 非实践性　　　　　　　　D. 继承性

11. 以下关于市容环卫员工的职业道德规范，错误的说法是
（　　　）。

    A. 环卫员工要有强烈的责任心和事业心

    B. 环卫员工只要完成工作，无待人处事的要求

    C. 环卫员工要自觉遵守各项安全操作规程

    D. 环卫员工要以自己良好的服务美化城市

12. 以下关于市容环卫员工的职业道德规范，错误的说法是
（　　　）。

    A. 市容环卫员工要吃苦耐劳

    B. 市容环卫员工要文明作业

    C. 市容环卫员工要互帮互助

    D. 市容环卫员工不需要协作

13. 以下行为举止规范错误的是（　　　）。

    A. 站立时，不倚靠　　　　　B. 可在公共场所席地而坐

    C. 不聚众喧闹　　　　　　　D. 不扎堆聊天

14. 以下行为举止规范错误的是（　　　）。

    A. 站的时候，不叉腰

    B. 可边听音乐，边作业

    C. 交谈时，手势不宜过多

    D. 轮岗休息期间，不打牌、不玩游戏

15. 以下关于仪容规范错误的是（　　　）。

    A. 统一着装　　　　　　　　B. 佩戴胸卡

    C. 仪容整洁　　　　　　　　D. 衣着虽残破，但无异味

16. 以下关于谈吐礼节错误的是（　　　）。

A. 交谈时要诚恳友善

B. 说话时的态度不是决定谈话成功与否的重要因素

C. 交谈时不东张西望

D. 交谈时不左顾右盼

17. 以下关于谈吐礼节错误的是（　　）。

A. 谈话要掌握分寸　　　　　B. 措辞谦逊、文雅

C. 语调盛气凌人　　　　　　D. 交谈注意忌讳

18. 以下属于"感谢语"的是（　　）。

A. 您好　　　　　　　　　　B. 请

C. 劳驾　　　　　　　　　　D. 谢谢

19. 以下属于"请托语"的是（　　）。

A. 您好　　　　　　　　　　B. 劳驾

C. 请原谅　　　　　　　　　D. 抱歉

20. 以下不属于语言规范的是（　　）。

A. 语感自然　　　　　　　　B. 语感亲切

C. 语速缓慢　　　　　　　　D. 语意明确

21. 以下不属于清扫保洁时使用的礼貌用语是（　　）。

A. 请不要乱扔垃圾

B. 请稍等

C. 对不起，碰到您的鞋了

D. 请不要随地吐痰

 理论知识复习题答案

**一、判断题**

1. √　　2. ×　　3. √　　4. ×　　5. ×　　6. √　　7. √　　8. √

9. ×　　10. √　　11. √　　12. √

二、单项选择题

1. B　　2. C　　3. D　　4. D　　5. C　　6. D　　7. B　　8. D

9. D　　10. C　　11. B　　12. D　　13. B　　14. B　　15. D　　16. B

17. C　　18. D　　19. B　　20. C　　21. B

# 第3章
# 道路交通法律、法规相关知识

## 第1节 安全驾驶常识

### 学习目标

● 掌握交通规则和安全驾驶常识

### 知识要求

为了维护道路交通秩序，预防和减少交通事故，保护人身安全，保护人民、法人和其他组织的财产安全及其他合法权益，2003年10月28日第十届全国人民代表大会常务委员会第五次会议通过了《中华人民共和国道路交通安全法》，2007年12月29日、2011年4月22日，全国人大对《中华人民共和国道路交通安全法》进行了两次修改。这些法律规范了车辆驾驶人、行人、乘车人，以及与道路交通活动有关的单位和个人的行为，为预防和发生道路交通意外伤害事故提供了法律保障。而从事道路清扫保洁这一与道路交通息息相关的特殊职业，其作业行为与道路交通活动有着密切的关系，必须知晓和掌握与道路交通法律法规相关的知识及有关规定，并自觉遵守。

## 一、车辆通行的基本原则

1. 右侧通行原则。《中华人民共和国道路交通安全法》规定，机动车、非机动车实行右侧通行。

2. 各行其道原则。各行其道原则是交通安全的重要保证，是交通参与者参与交通的基本原则。现代化交通设施给所有的交通参与者规定了各自的通行路线，行人、不同类型的非机动车和机动车都有各自规定的通行路线，其主要目的是为了保护交通参与者的合法权益，维护交通秩序，保障交通安全畅通，按照通行对象及其在道路上的速度，确定其在道路通行的空间范围，以最大限度地减少车辆、行人之间的冲突。

《中华人民共和国道路交通安全法》规定，车辆、行人必须各行其道，借道通行的车辆或行人应当让在其本道内行驶的车辆或行人优先通行。这条通行原则有两层含义，即道路的通行权和先行权。通行权，是指车辆、行人依照交通法规所享有的使用道路某一空间范围内通行的权利。如道路分为机动车道、非机动车、人行道、人行横道，车辆、行人在各自规定的道路内通行享有通行权。先行权，是指车辆、行人在共同享有使用某一空间范围通行权利的条件下，依照交通法规所享有的优先使用道路某一空间范围通行的权利。如在车辆、行人均享有通行权的前提下，交通参与者双方在通行时间、通行的空间范围发生交叉冲突时，应依据交通法规对各方规定的通行顺序予以通行，规定先行的一方就享有先行权。

3. 安全原则。安全原则，是指车辆和行人在道路上通行或者进行与交通有关的活动中，遇到道路交通管理法规、规章没有规定的情况时，其通行必须以保证交通安全为原则。例如，《中华人民共和国道路交通安全法实施条例》第 46 条规定，电瓶车进出非机动车道不得超过每小时 15 km。

## 二、安全行驶

### 1. 驾驶员与行车安全

（1）驾驶员的驾驶疲劳与行车安全。驾驶疲劳是指长时间连续行车使驾驶员在生理上、心理上发生机能失调，而在客观上出现驾驶技能下降的现象。这种现象易导致事故发生，不利于行车安全。

（2）驾驶员的身体状况对行车安全的影响。驾驶员饮酒或因生病而服用药物都会对驾驶技能造成一定的影响。

### 2. 车辆的行驶速度

由于我国地域辽阔，道路等级不一，城市街道和公路的交通流量不同，道路是否划分车道等情况也很不一致。因此，道路交通法规对公路、城市街道和特殊情况下的行驶速度做出了明确的规定。驾驶员应按照交通法律法规规定的速度行驶。

### 3. 会车

会车是指车辆在车道相向行驶的现象。会车时，必须根据道路情况严格遵守交通法规的相关规定。

### 4. 特殊道路的行驶

（1）通过繁华地段

1）严格遵守交通法规，遵章行驶。

2）熟悉繁华地段行车的各项规定，并严格按照规定执行。

3）严格按照规定各行其道，在未设分道线的路段上，车辆应保持在道路中间行驶。

4）在无人指挥的地段行驶时，驾驶员应注意观察指示标志，以及其他车辆、自行车和行人的动态，特别是要注意老人和儿童的动态，及时发现情况，以便及早处理。

5）在交叉路口等待放行信号时，驾驶员应注意力集中，时刻做好起步准备，看到放行信号后，应立即起步以免阻塞交通，但也要避免盲目抢道和加速，特别是在交叉路口，绿灯放行时，汽车、自行车混杂拥挤，极易发生事故，必须提高警惕。

6）如遇到外宾车、特种车等应及时礼让。

7）凡通过人行横道、交叉路口、视线盲区及公共汽车站、影剧院、学校门口等地方，驾驶员必须及早减速，做好随时停车的准备。

8）注意前方车辆的行驶动态，与前车保持一定的车距。特别是繁华地段上的公共汽车、中巴和出租汽车，它们见站、见客就停，驾驶员跟车时应提高警惕，保持较大车距。

9）繁华地段车辆的停放一般都有较详细的规定，一定要严格遵守。因特殊情况需要停车时，驾驶员应选择妥善地点，以免堵塞交通。

（2）通过桥梁、铁路交叉口

1）汽车通过桥梁时，驾驶员应注意看清交通标志，遵守限载、限速等有关规定，与前车保持安全车距，匀速通过，应尽量避免在桥上换挡、制动和停车。车辆通过窄桥时应该礼让，不可抢行。

2）通过拱形桥时，由于看不清对方车辆和道路情况，车辆应减速、鸣号并靠右行，随时注意对面车辆，行至桥顶应减速并有制动准备，切忌冒险高速冲过拱桥，以免发生碰撞。

3）通过便桥、吊桥、浮桥这类结构简陋、承受力小、桥面窄的桥前，驾驶员应下车察看，确定无问题后，方可缓行通过。

4）驾驶员驾车通过铁路交叉口时，应提前减速，密切注意两边有无火车驶来。在有人管理的道口应听从管理人员的指挥，低速通过。在通过无人看管的道口时，驾驶员要切实做到"一慢、二看、三通过"，严禁与火车抢行，确保安全。

5）车辆穿越铁路时，一旦在火车行驶区域内发生故障时，驾驶员必须想尽一切办法驾驶车辆立即离开，不得停留。在通过铁路时，驾驶员应注意防止轨道等凸出物损伤轮胎。

6）在铁路道口等待放行时，车辆应依次排队，放行时不可争道抢行，还要特别注意其他车辆、行人的通行情况。

### 5. 特殊气候条件下的道路行驶

（1）雨、雾天气道路的驾驶

1）驾驶员应养成注意气象预报和气候变化的职业习惯，并提前检查刮水器，确保其正常工作。

2）路面泥泞有油污时，车轮容易打滑，驾驶员应提高警惕，严格控制车速，操纵制动器油门踏板、方向盘及离合器的动作均应轻缓，切忌急剧制动或急剧转向，防止车辆侧滑。

3）遇到下雨天，骑车人或行人绝大多数身穿雨披、雨衣，他们的视觉、听觉都受到一定限制，往往反应较平时迟缓。有时在车前、车后还会有行人突然横穿马路，甚至在马路上滑倒。马路两边有积水时，骑车人、行人在道路中央与机动车争道的情况也经常发生。因此，驾驶员要仔细观察，控制车速，提前采取措施。路边有积水时，驾驶员必须耐心慢行，充分顾及骑车人与行人，要杜绝抢道、紧贴行人绕行、乱鸣喇叭、使泥水溅污行人衣物等不道德行为。

遇到特大暴雨时，若视线太差，驾驶员不可冒险行驶，应选择安全路段靠边暂停。停车时车辆不得停放在路口或弯道上，应开启示宽灯和尾灯以示目标。

4）雾天行车前，驾驶员应将挡风玻璃、车头灯和尾灯擦拭干净，并检查灯光装置是否完好，一旦发现灯光装置残缺损坏，应马上就近及时修复，在行车中应开启防雾灯、尾灯和前照灯（近光）。一般行车视距在 300 m 左右，驾驶员就应开启灯光。

雾天行车要控制车速，能见度在 30 m 以内的路段最高时速不得超过 20 km，能见度在 5 m 以内的应当采取临时交通管制措施。在迷雾浓度较轻的路段，驾驶员应放慢速度行驶，循序渐进，各行其道，不要无故变道。尤其当途经迷雾一阵淡一阵浓的路段时，驾驶员要提高警惕，细心观察。因为刚进入浓雾时驾驶员很容易盲目行驶，误把弯路当直路。

因大雾的影响，视距降至 200 m 以下时，驾驶员看不清前车，只能依赖前车车尾灯行进，这是容易发生车祸的信号。此时，驾驶员要特别注意采取防卫措施，较安全的方法是尽快将汽车驶向最近的安全地带。

（2）炎热天气道路的驾驶

1）在高温下行车应加大跟车距离，驾驶员提前制动，可防止追尾事故的发生。

2）高温季节时树木茂盛，有时会影响视线，驾驶员要减速鸣号，谨慎操作，防止突然出现的情况。

（3）冰雪道路上的驾驶

1）起步：汽车在冰雪路上起步时，驱动轮容易打滑空转。如果无法起步，可在驱动轮下垫些煤渣、柴草或沙土等物，或用锹、镐把驱动轮下面及前方路面刨成人字形或 X 形沟槽，以提高轮胎与地面的附着力。

2）会车和超车：在冰雪道路上会车时，车辆不要太靠路边，并要保持必要的横向距离。如地段不宜会车，应根据道路实际情况由一方退让，切不可冒险交会。若在狭窄的冰雪路上会车时，侧向安全距离很小，应设法清除交会地段的冰雪，然后缓行交会。

在冰雪道路上，原则上不允许超车，但遇情况紧急必须超车时，驾驶员应选择宽敞、平坦、冰雪较少的路段，在前车驾驶员允许后，再行超越，切忌强行超越而酿成车祸。

3）制动器的正确使用：由于冰雪路面的制动距离比一般路面要延长 4 倍以上，因此，在冰雪道路上减速或停车时，驾驶员应采取预见性制动，尽可能运用发动机的牵制作用，灵活地运用手制动器，尽量避免用脚制动，以免产生侧滑。如果使用脚制动，驾驶员要采取间歇缓慢制动，不可一脚踏死从而造成侧滑，遇紧急情况时更应注意。在冰雪道路上行驶时，驾驶员必须根据路面地形及车速等具体情况，与前车保持足够的纵向安全距离。

4）停车：在冰雪道路上临时停车，驾驶员要开到避风朝阳处停放，若要在结冰或积雪路面上长时间停车，应在轮胎下面垫上灰草、沙土等物，防止轮胎冻结在路面上。

**6. 复杂环境道路的行驶**

（1）夜间行驶

1）夜间行驶时，要谨防疲劳驾驶。夜间开车一有睡意，驾驶员就应立即停车休息一段时间，也可下车稍事运动或用凉水洗脸，以振作精神，切不可掉以轻心而勉强行驶。

2）夜间行驶时，若要倒车或掉头，驾驶员必须看清进退的地形及四周的安全界限，最好在有人指挥下进行操作，在进退中应多留些余地。

3）夜间行车时，驾驶员要注意道路施工信号灯。在阴暗地段、险要地段必须减速慢行，遇到道路不熟，情况不易辨清时，应当停车查看，待情况弄清后再行驶。

4）夜间行驶时，要重视车辆的工作状况，驾驶员若发觉车辆在平坦路面上晃摇、车速异常变快或减慢、灯光发生间歇性断续明暗等情况，应立即靠路边停车，查明原因。夜间在路边临时停车检修，车辆应开启示宽灯和尾灯，提醒来往车辆注意。

（2）泥泞、翻浆路段的驾驶

1）车辆通过泥泞、翻浆路段时，驾驶员应选择路质硬、泥泞较浅的路面行驶，车辆通过时，尽可能使左右轮高低一致。若路面上已形成车辙，车辆可循车辙行驶。若路面上有积水，极易造成陷车，驾驶员应特别注意，若发现路面上有土堆或坑洼时，要提防底盘撞土堆或车轮陷入坑内，必要时应修整路面后再通过。

2）车辆若发生陷车，驾驶员应立即倒出，另选路线行驶。如果倒退也同样打滑，驾驶员应立即停车，挖去泥浆或设法支起驱动轮，对之加以铺垫，必要时应卸下部分或全部货物，以利汽车驶出，或请他车牵引拖出。

# 第 2 节　道路交通信号

## 🖮 学习目标

● 掌握主要交通标志及用途

## ✒ 知识要求

### 一、交通信号的含义与作用

交通信号是指使车辆和行人有序通行的一系列标志。《中华人民共和国道路交通安全法》规定，全国实行统一的道路交通信号。交通信号包括交通信号灯、交通标志、交通标线和交通警察指挥。交通信号灯、交通标志、交通标线的设置应当符合道路交通安全、畅通的要求和国家标准，并保持清晰、醒目、准确、完好。根据通行需要，应当及时增设、调换、更新道路交通信号。增设、调换、更新限制性的道路交通信号应当提前向社会公告，广泛进行宣传。

交通信号的作用是合理分配交通流，使道路上行驶的车辆尽可能减少相互干扰，提高交叉路口的通过能力，防止交通事故的发生。交通信号属于动态控制的交通指挥形式。

## 二、交通信号灯

交通信号灯是交通信号中的重要组成部分，是道路交通的基本语言。交通信号灯由红灯（表示禁止通行）、绿灯（表示允许通行）、黄灯（表示警示）组成，分为机动车信号灯、非机动车信号灯、人行横道信号灯、车道信号灯、方向指示信号灯、闪光警告信号灯、道路与铁路平面交叉道口信号灯。

### 1. 机动车信号灯和非机动车信号灯

（1）绿灯亮时，准许车辆通行，但转弯的车辆不得妨碍被放行的直行车辆和行人通行。

（2）黄灯亮时，已越过停止线的车辆可以继续通行。

（3）红灯亮时，禁止车辆通行，右转弯的车辆在不妨碍被放行的车辆和行人通行的情况下可以通行。

（4）在未设置非机动车信号灯和人行横道信号灯的路口，非机动车和行人应当按照机动车信号灯的指示通行。

### 2. 人行横道信号灯

（1）绿灯亮时，准许行人通过人行横道。

（2）红灯亮时，禁止行人进入人行横道，但是已经进入人行横道的，可以继续通过或者在道路中心线处停留等候。

### 3. 车道信号灯

（1）绿色箭头灯亮时，准许本车道车辆按指示方向通行。

（2）红色叉形灯或者箭头灯亮时，禁止本车道车辆通行。

### 4. 方向指示信号灯

方向指示信号灯的箭头方向向左、向上、向右分别表示左转、直行、右转。

### 5. 闪光警告信号灯

闪光警告信号灯为持续闪烁的黄灯，提示车辆和行人通行时注意瞭望，确认安全后通过。

### 6. 道路与铁路平面交叉道口信号灯

道路与铁路平面交叉道口信号灯有两个红灯交替闪烁或者一个红灯亮时，表示禁止车辆、行人通行；红灯熄灭时，表示允许车辆、行人通行。

## 三、道路交通标志

道路交通标志是指用图形符号和文字传递特定信号，用以指挥、管理交通的安全设施，共有七大类，总计 320 个。

《道路交通标志和标线》规定，道路交通标志分为主标志和辅助标志两大类。主标志又分为警告标志、禁令标志、指示标志、指路标志、旅游区标志、道路施工安全标志；辅助标志是附设在主标志下，起辅助说明作用的标志，分为表示时间、车辆种类、区域或距离、警告、禁令理由等类型。

### 1. 警告标志（见彩图 1）

警告标志是警告车辆和行人注意危险地点的标志。

### 2. 禁令标志（见彩图 2）

禁令标志是禁止或限制车辆、行人交通行为的标志。

### 3. 指示标志（见彩图 3）

指示标志是指示车辆、行人行进的标志。

### 4. 指路标志（见彩图 4）

指路标志是传递道路方向、地点、距离的标志。

### 5. 旅游区标志（见彩图5）

旅游区标志是提供旅游景点方向、距离的标志。

### 6. 道路施工安全标志（见彩图6）

道路施工安全标志是通告道路施工区通行的标志。

### 7. 道路交通辅助标志（见彩图7）

道路交通辅助标志是附设于主标志下起辅助说明作用的标志。

## 四、道路交通标线

道路交通标线是由标画于路面上的各种线条、箭头、文字、立面标记、突起路标和轮廓等构成的交通安全设施。道路交通标线的作用是管制和引导交通，可以与标志配合使用，也可以单独使用。

交通标线包括指示标线、禁止标线、警告标线。指示标线（见彩图8）是指指示车行道、行车方向、路面边缘、人行道等设施的标线；禁止标线（见彩图9）是指告示道路交通的遵行、禁止、限制等特殊规定，车辆驾驶人员及行人需要严格遵守的标线；警告标线（见彩图10）是指促使车辆驾驶人员及行人了解道路上的特殊情况，使他们提高警惕，及时采取防范、应变措施的标线。

道路交通标线按设置方式可分为纵向标线、横向标线、其他标线三类。纵向标线是指沿道路行车方向设置的标线；横向标线是指与道路行车方向成角度设置的标线；其他标线是指字符标记或其他形式的标线。

## 五、交通警察的指挥

为进一步规范交通警察的手势信号，提高交通警察的指挥效能，保障道路交通安全畅通，根据《中华人民共和国道路交通安全法》及其实施条例，公安部对1996年3月18日发布的手势信号进行了修改，并决定从 2007 年 10 月 1 日起在全国正式施行。

新的交通警察手势信号有八种，即停止信号、直行信号、左转弯信号、左转弯待转信号、右转弯信号、变道缓行信号、减速慢行信号、示意车辆靠边停车信号。

# 第3节　道路交通违章与交通事故处理

## 学习目标

● 了解和掌握道路交通违章与交通事故处理规定

## 知识要求

### 一、道路交通违章

#### 1. 道路交通违章概念

道路交通违章是指违反道路交通管理法规、妨碍道路交通秩序、影响道路交通安全和畅通的过错行为，通常所说的交通违章不包括因违章而造成的交通事故。从这一定义可以看出，道路交通违章具有以下四个特性：

（1）行为的危害性。道路交通违章行为对社会、国家和公民的利益具有危害性。这种社会危害性是特定的而且是客观存在的，即必须是危害道路交通秩序、道路交通安全和畅通及公民在道路交通上的合法权益。

（2）行为的违法性。道路交通违章行为必须是违反交通管理法规的行为。确认某一行为是否属于违章，必须以交通管理法规的规定为依据，只有违反交通法规才构成交通违章。

（3）行为的情节轻微性。交通违章是情节轻微的违法行为，是依照我国刑事法律的规定尚不构成犯罪、不需要进行刑事处罚制裁的违法行为。这种轻微违法行为不同于构成犯罪的严重违法行为，一般来说，其社会危害性较小，尚未造成严重后果。

（4）行为的应受处罚性。行为的应受处罚性是由行为具有社会危害性和违法性所决定的。按法规规定，违章行为都应当受到一定的行政处罚。

### 2. 道路交通违章处理的主要原则

交通违章处理是国家公安机关依法处理交通违章行为的职能。它是交通管理职能的重要组成部分，是一项具体的执法工作。根据我国社会主义法制的基本要求，在处理交通违章时，应坚持以下两项主要原则：以事实为依据，以法律为准绳的原则；教育和处罚相结合的原则。

### 3. 违章处罚的种类

违章处罚包括警告、罚款或记分、吊扣驾驶证、吊销驾驶证、拘留、没收违章物资或扣留车辆等。

## 二、道路交通事故处理

### 1. 道路交通事故概念

道路交通事故是指车辆驾驶人员、行人、乘车人及其他在道路上进行与交通有关活动的人员，因违反《中华人民共和国道路交通安全法》和其他道路交通管理法规、规章的行为，因过失造成的人身伤亡或者财产损失的事故。

### 2. 道路交通事故等级划分标准

（1）轻微事故是指一次造成轻伤 1～2 人，或者机动车事故财产损失不足 1 000 元，非机动车事故财产损失不足 200 元的事故。

（2）一般事故是指一次造成重伤 1～2 人，或者轻伤 3 人以上，或者财产损失不足 3 万元的事故。

（3）重大事故是指一次造成死亡 1～2 人，或者重伤 3 人以上 10 人以下，或者财产损失 3 万元以上不足 6 万元的事故。

（4）特大事故是指一次造成死亡 3 人以上，或者重伤 11 人以上，或者死亡 1 人，同时重伤 8 人以上，或者死亡 2 人，同时重伤 5 人以上，或者财产损失 6 万元以上的事故。

**3. 道路交通事故现场处理**

（1）机动车与机动车、机动车与非机动车在道路上发生未造成人身伤亡的交通事故，当事人对事实及成因无争议的，在记录交通事故的时间、地点、对方当事人的姓名和联系方式、机动车牌号、驾驶证号、保险凭证号、碰撞部位，并共同签名后，撤离现场，自行协商损害赔偿事宜。当事人对交通事故事实及成因有争议的，应当迅速报警。

（2）非机动车与非机动车或者行人在道路上发生交通事故，未造成人身伤亡，且基本事实及成因清楚的，当事人应当先撤离现场，再自行协商处理损害赔偿事宜。当事人对交通事故事实及成因有争议的，应当迅速报警。

（3）机动车发生交通事故，造成道路、供电、通信等设施损毁的，驾驶人应当报警等候处理，不得驶离现场。机动车可以移动的，应当将机动车移至不妨碍交通的地点。公安机关交通管理部门应当将事故有关情况通知相关部门。

**4. 交通肇事处罚与交通肇事罪**

（1）交通肇事行为与处罚。交通肇事行为是指交通事故当事人在交通事故中侵犯了公民的人身权造成死亡，或侵犯公私财产造成损失，依照《中华人民共和国刑法》尚不构成交通肇事罪，不够刑事处罚的，依照《中华人民共和国治安管理条例》《中华人民共和国道路交通安全法》等应当给予交通管理处罚的行为。公安交通管理部门对有违章行为和交通肇事行为的当事人所给予的行政制裁称为交通肇事处罚。

（2）交通肇事罪。交通肇事罪是指车辆驾驶员、行人、乘车人，以及其他进行与道路交通有关活动的人员，因违反国家制定的交通法规的行为而造成重大损失的，构成道路交通肇事罪。《中华人民共和国刑法》第133条规定："违反交通运输管理法规，因而发生重大事故，致人重伤、死亡或者使公私财产遭受重大损失的，处三年以下有期徒刑或者拘役；交通运输肇事后逃逸或者有其他特别恶劣情节的，处三年以上七年以下有期徒刑；因逃逸致人死亡的，处七年以上有期徒刑。"

## 🔒 理论知识复习题

**一、判断题（将判断结果填入括号中。正确的填"√"，错误的填"×"）**

1. 道路清扫保洁与道路交通息息相关。　　　　　　　　（　　）

2. 交通违章包括因违章而造成的交通事故。　　　　　　（　　）

3. 道路交通违章行为属于严重违法行为。　　　　　　　（　　）

4. 轻微事故是指一次造成轻伤1～2人，或者机动车事故财产损失不足1 000元，非机动车事故财产损失不足200元的事故。

（　　）

5. 对交通事故的事实或者成因有争议的，不可自行协商解决。

（　　）

6. 手势信号分为直行信号、右转弯信号和停止信号三种。

（　　）

7. 交通信号灯分为机动车信号灯和非机动车信号灯两种。

　　　　　　　　　　　　　　　　　　　　　　（　　）

8. 交通标志共有七大类，总计 320 个。　　　　（　　）

9. 道路交通辅助标志是附设于主标志下起辅助说明作用的标志。　　　　　　　　　　　　　　　　　　　　　（　　）

10. 道路交通标线分为指示标线和禁止标线两类。（　　）

11. 机动车、非机动车实行左侧通行。　　　　　（　　）

12. 疲劳驾驶极易导致事故发生，不利于行车安全。（　　）

13. 会车行驶是指相同方向行驶的机动车在同一地点、同一时间通过的交通现象。　　　　　　　　　　　　　　（　　）

14. 在无人指挥的路段行驶时，驾驶员应注意观察指示标志，以及其他车辆和行人的动态。　　　　　　　　　　（　　）

15. 在桥上，可以制动和停车。　　　　　　　　（　　）

16. 遇到特大暴雨时，若视线太差，驾驶员不可冒险行驶，应选择安全路段靠边暂停。　　　　　　　　　　　　（　　）

17. 在高温下行车，驾驶员应缩短跟车距离。　　（　　）

18. 在冰雪道路上，驾驶员原则上不允许超车。　（　　）

19. 夜间行车，遇道路不熟、情况不易辨清时，驾驶员应停车查看，待情况弄清后再行驶。　　　　　　　　　　（　　）

20. 路面泥泞有油污时，车轮容易打滑，驾驶员应提高警惕，加速通过。　　　　　　　　　　　　　　　　　　（　　）

21. 造成道路交通事故的原因有许多，诸如车辆状况、气候影响、人等因素，而在这些因素中，人是造成道路交通事故的主要因素。　　　　　　　　　　　　　　　　　　　　　（　　）

22. 发生交通事故后，当事人应立即停车，抢救伤者，对现场的范围、车辆行驶轨迹、制动痕迹、其他物品形成的痕迹、散落物等进行保护。　　　　　　　　　　　　　　　　　（　　）

23. 在没有限速标志的路段，应当保持安全车速。　　　（　　）

**二、单项选择题（选择一个正确的答案，将相应的字母填入题内的括号中）**

1.（　　）第十届全国人大常委会第五次会议通过了《中华人民共和国道路交通安全法》。

    A. 2003 年 10 月 28 日　　　　　B. 2004 年 10 月 28 日

    C. 2004 年 4 月 28 日　　　　　　D. 2005 年 4 月 28 日

2. 道路交通违章不包括（　　）的行为。

    A. 妨碍交通秩序　　　　　　　B. 造成交通事故

    C. 违反交通法规　　　　　　　D. 影响交通安全

3.（　　）是指违反交通管理法规、妨碍道路交通秩序、影响交通安全和通畅的过错行为。

    A. 交通事故　　　　　　　　　B. 交通肇事

    C. 交通违章　　　　　　　　　D. 交通违法

4. 道路交通违章不具有（　　）。

    A. 行为的危害性　　　　　　　B. 行为的违法性

    C. 行为的情节严重性　　　　　D. 行为的应受处罚性

5. 关于道路交通违章具有的特性，以下表述正确的是（　　）。

    A. 行为的危害性、违法性、情节轻微性和应受处罚性

    B. 行为的无危害性、违法性、情节严重性和应受处罚性

    C. 行为的危害性、违法性、情节严重性和应受处罚性

    D. 行为的危害性、违法性、情节严重性和不受处罚性

6. 一次造成（　　）的交通事故是重大事故。

    A. 重伤 1～2 人　　　　　　　B. 重伤 3 人以上

    C. 死亡 1～2 人　　　　　　　D. 死亡 3 人以上

7. 一次造成（　　）的交通事故是特大事故。

A. 死亡 1～2 人　　　　　B. 死亡 3 人以上

C. 重伤 5 人以上　　　　　D. 重伤 8 人以上

8. 不可自行协商解决的交通事故，不包括（　　）。

A. 机动车无牌照

B. 事实成因清楚，未造成伤亡

C. 无保险凭证号

D. 碰撞公共设施

9. 可自行协商解决的交通事故是（　　）。

A. 驾驶人无有效机动车驾驶证

B. 车辆单方发生交通事故

C. 当场不能自行移动的车辆

D. 事实成因清楚，未造成伤亡

10. 对事实成因无争议，未造成伤亡，在记录（　　），并共同签字后，撤离现场，自行协商赔偿事宜。

A. 对方当事人姓名和联系方式、机动车牌号、驾驶证号、碰撞部位

B. 时间、地点、对方当事人姓名和联系方式、机动车牌号、驾驶证号、保险凭证号、碰撞部位

C. 时间、地点、对方当事人姓名和联系方式

D. 时间、地点、机动车牌号、驾驶证号、碰撞部位

11. 交通信号分为（　　）种。

A. 3　　　　　　　　　　B. 4

C. 5　　　　　　　　　　D. 6

12. 指挥灯信号有（　　）种。

A. 4　　　　　　　　　　B. 5

C. 6　　　　　　　　　　D. 7

13. 机动车信号灯和非机动车信号灯（　　）时，已越过停止

线的车辆可以继续通行。

    A. 绿灯亮              B. 红灯亮

    C. 黄灯亮              D. 灯灭

14. 车道信号灯（　　）时，准许本车道车辆按指示方向通行。

    A. 绿色箭头灯亮        B. 红色叉形灯亮

    C. 红色箭头灯亮        D. 绿色箭头灯灭

15. 以下选项中，"注意危险"警告标志是（　　）。

A.         B.

C.         D.

16. 以下选项中，"禁止通行"警告标志是（　　）。

A.         B.

C.         D.

17. 图中所示禁令标志的作用是（　　）。

A. 警告车辆和行人注意小型汽车

B. 禁止小型机动车通行

    C. 指示机动车行进

    D. 禁止所有机动车通行

18. 以下属于道路交通辅助标志的是（　　　）。

A. 　　　　B.

C. 　　　　D.

19. 如图所示，为人行横道线，是行人横穿（　　）的标线。

    A. 街道　　　　　　　　B. 车行道

    C. 铁路道口　　　　　　D. 高速公路

20. 图中黄色双实线的含义是（　　）。

    A. 划分同方向的车行道

    B. 表示道路边缘

    C. 准许车辆跨线超车

    D. 禁止车辆跨线超车或压线行驶

21. 关于车辆通行原则，以下错误的是（　　　）。

    A. 右侧通行　　　　　　B. 各行其道

    C. 左侧通行　　　　　　D. 安全原则

22. 关于各行其道原则的目的，错误的说法是（　　）。

    A. 保护交通参与者的合法权益

    B. 维护交通秩序

    C. 保障交通畅通

    D. 节约资源

23. 影响行车安全的因素，以下说法不正确的是（　　）。

    A. 疲劳驾驶　　　　　　　　B. 饮酒

    C. 疾病及药物　　　　　　　D. 提前预防

24. （　　）是指长时间连续行车使驾驶员在生理上、心理上发生机能失调，而在客观上出现驾驶技能下降的现象。

    A. 危险驾驶　　　　　　　　B. 无证驾驶

    C. 驾驶疲劳　　　　　　　　D. 长途驾驶

25. 在确认行驶安全速度时通常应当考虑的因素，以下表述错误的是（　　）。

    A. 道路的性质、路面状况

    B. 自然气候

    C. 道路交通流量的状况

    D. 个人心情、情绪

26. 《中华人民共和国道路交通安全法实施条例》第 46 条规定，电瓶车进出非机动车道时速不得超过每小时（　　）km。

    A. 5　　　　　　　　　　　　B. 10

    C. 15　　　　　　　　　　　D. 20

27. 以下做法错误的是（　　）。

    A. 注意前方车辆，保持一定车距

    B. 因特殊情况在繁华路段停车时，可就近在路边停放

    C. 车辆通过人行道、交叉路口、视线盲区及公交站点、影
       剧院、学校门口等地方，必须及早减速，做好随时停

车准备

D. 遇到外宾车、特种车等应及时礼让

28. 必须及早减速、做好随时停车准备的情形，不包括
（　　）。

　　A. 通过人行道　　　　　　B. 通过交叉路口

　　C. 视线盲区　　　　　　　D. 见到放行信号

29. 以下做法错误的是（　　）。

　　A. 通过铁路交叉口时应提前减速

　　B. 在桥上可以制动和停车

　　C. 通过桥梁时应看清交通标志

　　D. 通过拱形桥时应减速、鸣号、靠右行

30. 以下做法错误的是（　　）。

　　A. 通过窄桥时，应礼让

　　B. 在铁路道口等待放行时，应依次排队

　　C. 在有人管理的道口，应听从指挥，高速通过

　　D. 通过铁路时，应注意防止轨道等凸出物损伤轮胎

31. 因大雾的影响，视距降低至（　　）m 以下时，驾驶员看
不清前车，只能依赖于前车尾灯行进，这是容易发生车祸的信号。

　　A. 50　　　　　　　　　　B. 100

　　C. 150　　　　　　　　　 D. 200

32. 以下做法错误的是（　　）。

　　A. 驾驶员应养成注意气象预报和气候变化的职业习惯

　　B. 下雨天，驾驶员要仔细观察路况，控制车速，提前采取
　　　措施

　　C. 雾天行车前，应将挡风玻璃、车头灯和尾灯擦拭干净，
　　　并检查灯光装置是否完好

　　D. 遇到特大暴雨车辆在路边暂停时，应关闭所有灯光装置

33. 在高温天气下行车，以下做法错误的是（    ）。

    A. 缩小跟车距离

    B. 谨慎驾驶

    C. 树木茂盛，影响视线，要减速鸣号

    D. 提前采取制动措施，防止追尾

34. 在高温天气条件下行驶，驾驶员不应（    ）。

    A. 充分休息，确保有旺盛精力驾驶

    B. 对车辆认真检查和维护

    C. 长时间疲劳行车

    D. 谨慎操作

35. 冰雪路面的制动距离比一般路面要延长（    ）倍以上。

    A. 1                      B. 2

    C. 3                      D. 4

36. 关于冰雪道路上的行驶，以下说法错误的是（    ）。

    A. 在冰雪道路上起步，驱动轮容易打滑空转

    B. 紧靠路边行驶，缩小横向车距

    C. 在冰雪道路上，原则上不允许超车

    D. 在冰雪道路上临时停车，要把车开到避风朝阳处停放

37. 关于夜间行驶，以下说法错误的是（    ）。

    A. 谨防疲劳驾驶           B. 要注意道路施工信号灯

    C. 重视车辆的工作状况      D. 严禁倒车或掉头

38. 夜间行驶时，若车辆工作状况有异常，应（    ）。

    A. 继续行驶

    B. 减速行驶

    C. 加速行驶，尽快回去检修

    D. 立即靠路边停车，查明原因

39. 车辆通过泥泞、翻浆路段时，可循（    ）行驶。

A. 车辙　　　　　　　　　　B. 积水

C. 土堆　　　　　　　　　　D. 坑洼

40. 车辆通过泥泞、翻浆路段时，错误的做法是（　　）。

　　A. 应选择路质硬的路面行驶

　　B. 应选择泥泞较浅的路面行驶

　　C. 不可循车辙行驶

　　D. 发生陷车，应立即倒出，另选线路

41. 以下行人造成道路交通事故的情形，不包括（　　）。

　　A. 不按道路交通规则行走

　　B. 不走人行横道线

　　C. 酒后驾驶

　　D. 跨越交通隔离设施

42. 对交通事故现场的保护，不正确的是（　　）。

　　A. 移开现场的车辆

　　B. 对易消失的路面痕迹，散落物都应加以遮盖

　　C. 要持续开启危险报警闪光灯，并在来车方向 50 m 外的
　　　 地方设置警告标志

　　D. 抢救伤者

43. 关于会车规则，以下错误的是（　　）。

　　A. 在没有画中心线的道路和窄路、窄桥会车时，须减速
　　　 靠右行驶

　　B. 在有障碍的路段，有障碍的一方先行

　　C. 在狭窄的坡路，上坡的一方先行

　　D. 夜间会车应当在距相对方向来车 150 m 以外改用近光
　　　 灯

44. 夜间会车应当在距相对方向来车（　　）m 以外改用近光
灯。

A. 50                    B. 100

C. 150                   D. 200

 理论知识复习题答案

**一、判断题**

1. √    2. ×    3. ×    4. √    5. √    6. ×    7. ×    8. √

9. √    10. ×    11. ×    12. √    13. ×    14. √    15. ×    16. √

17. ×    18. √    19. √    20. ×    21. √    22. √    23. √

**二、单项选择题**

1. A    2. B    3. C    4. C    5. A    6. C    7. B    8. B

9. D    10. B    11. B    12. D    13. C    14. A    15. D    16. A

17. D    18. D    19. B    20. D    21. C    22. D    23. D    24. C

25. D    26. C    27. B    28. D    29. B    30. C    31. D    32. D

33. A    34. C    35. D    36. B    37. D    38. D    39. A    40. C

41. C    42. A    43. B    44. C

# 第4章
# 道路清扫保洁等级划分
# 及面积测算

# 第1节 道路清扫保洁的等级划分标准

## 学习目标

● 掌握道路清扫保洁等级划分的范围

## 知识要求

### 一、道路清扫保洁等级划分的意义和范围

#### 1. 等级划分的意义

城市道路由于商业繁荣程度、人流量、车流量的不同，其受污染的程度不同，从而清扫保洁的工作量也不同，而一些代表城市面貌的主要干道和重要"景观"道路对清扫保洁的质量要求更高，工作量也更大。为了更科学地做好道路的清扫保洁管理，有必要对道路划分等级。根据不同的等级，安排相应的工作量，以满足不同等

级道路保洁的需求。

### 2. 清扫保洁范围

《上海市市容环境卫生管理条例》第 15 条规定："城市道路、桥梁、地下通道、公共广场、公共水域等城市公共区域的市容和环境卫生，由市或者区（县）市容环境卫生管理部门负责；街巷、里弄的市容和环境卫生，由街道办事处或者镇人民政府负责。"城市道路、公共广场等公共区域的环境卫生和公共设施的市容环境卫生清扫、保洁工作属于公共服务范畴，是一项公益性事业，各级政府应当对此承担具体管理职责；市或者区（县）市容环境卫生管理部门应当根据职责分工，将管辖范围内的市容环境卫生工作通过法定方式委托给符合条件的市容环境卫生作业服务单位，由其从事清扫、保洁工作，承担具体责任。

街巷、里弄（指没有责任人，又不属于市容环境卫生管理部门负责组织清扫、保洁的小街、小巷和里弄等）的市容和环境卫生，由其所在地的街道办事处或者镇人民政府负责组织保洁人员进行清扫、保洁。《上海市道路和公共场所清扫保洁服务管理办法》第 4 条规定："城市道路、特定公路路段和公共场所，由区（县）绿化市容行政管理部门或者乡（镇）人民政府负责；街巷、里弄内通道由镇人民政府或街道办事处负责；村内通道由村民委员会负责。"

## 二、道路清扫保洁等级的划分条件

1997 年国家建设部制定的《城市环境卫生质量标准》（建城〔1997〕21 号文）对道路的保洁等级做了明确的规定。道路保洁等级划分条件如下：

### 1. 一级

（1）商业网点集中、道路旁商业店铺占道路长度不小于 70％的繁华闹市地段。

（2）主要旅游点和进出机场、车站、港口的主干路及其所在地路段。

（3）大型文化娱乐、展览等主要公共场所所在路段。

（4）平均人流量为 100 人次/分钟以上和公共交通线路较多的路段。

（5）主要领导机关、外事机构所在地。

### 2. 二级

（1）城市主、次干路及其附近路段。

（2）商业网点较集中、占道路长度 60％～70％的路段。

（3）公共文化娱乐活动场所所在路段。

（4）平均人流量为 50～100 人次/分钟的路段。

（5）有固定公共交通线路的路段。

### 3. 三级

（1）商业网点较少的路段。

（2）居民区和单位相间的路段。

（3）城郊结合部的主要交通路段，人流量、车流量一般的路段。

### 4. 四级

（1）城郊结合部的支路。

（2）居住区街巷道路。

（3）人流量、车流量较少的路段。

## 三、上海市道路清扫保洁等级划分

1999 年之前，道路保洁等级分为特级、一级、二级、三级，之后参照《城市环境卫生质量标准》分为一级、二级、三级、四级。2006 年，上海市市容环境卫生管理局制定了《上海市城市道路清扫保洁作业规范》，将城市道路保洁等级分为一级、二级、三级，具体划属原则见第 5 章第 1 节。

# 第 2 节 城市道路清扫面积测算

## 学习目标

● 掌握道路清扫保洁面积计算方法

## 知识要求

### 一、道路清扫面积测算的相关术语与要求

#### 1. 术语及定义

（1）道路分隔设施：在道路范围内设置，起分隔不同功能车道和人行道的道路设施。

（2）交通渠化岛：十字交叉路口和丁字路口设置的引导不同行进方向车辆和行人的交通岛。

（3）快速路：提供大量、长距离、快速交通服务的城市道路，包括中间分车带及其进出口。

（4）主干道：以交通功能为主，连接城市各主要分区的干路。一般采用机动车与非机动车分隔形式。

（5）次干道：城市各区域连接主干道，起集散交通作用，兼有服务功能的道路。

（6）一般道路：以解决局部地区交通和承担服务功能为主，连接主、次道与街巷道路的道路。

（7）街巷道路：实现居住小区、商业区内部区域联系和单元间

进出的道路。

（8）路缘石：铺设在道路边缘或标定路面界限的界石。路缘石的内缘线与车行道衔接，外缘线与人行道连接。

（9）优先级：为解决道口和其他特殊路段测量、数据处理及其面积归属问题，而确定的统计和归属的次序。

（10）港湾式停靠站：在道路车行道外侧，采用局部拓宽车行道路面积的公共交通停靠站。

### 2. 要求

（1）测量的量及偏差

1）测量的单位为米（m）。

2）面积单位为平方米（$m^2$）。

3）测量的偏差应控制在±1%。

（2）长度和宽度的确定

1）道路的总长度应根据道路中心线的长度确定。

2）道路的分道（如慢车道、非机动车道）长度应根据分道靠近道路纵轴线一侧的长度确定。人行道的长度按人行道路缘石的长度确定。

3）测量道路宽度时，所有测量线均应与道路中线垂直。

4）道路的总宽度为道路两侧建筑物、构筑物基脚线（或硬路肩外边线）间的宽度，应包括人行道（两侧）、非机动车道（两侧）、机动车道及道路分隔带的宽度。

5）分道宽度应以分隔带边线或分道标识线确定：

①人行道宽度：道路一侧建筑物、构筑物基脚线至人行道路缘石内缘线的距离。

②非机动车道宽度：人行道路缘石内缘线至非机动车道与机动车道的分隔线中心点之间的宽度。采用绿化带、隔离墩或其他构筑物分隔的，应以人行道路缘石内缘线至构筑物同侧基脚线之间的宽

度计算。

③分隔带宽度：车道等两侧起分隔作用的绿化带、交通护栏、隔离墩等设施的宽度。绿化分隔设施的宽度应包含两侧围护设施边缘的宽度。

（3）道路的分段的确定

1）路面宽度、结构等明显变化的路段应分段测量和统计。

2）跨行政区的道路宜按行政区属范围分段测量和统计。

3）宜以交叉路口、行政区界限、道路起点、道路终点为路段的起止标志点。

4）特殊地段的处理

①桥梁：桥梁包括跨江跨河桥梁、跨街人行天桥及立交桥、高架桥。桥梁引桥的起止点为测量起点和终点。

②隧道：隧道包括地下车行道和地下人行通道。隧道引道的起止点为测量起点和终点。

③广场游园：广场游园包括街头广场、街心花园、街头游园等。其面积应单独测量、统计，其外侧人行道（兼作道路人行道）应计入城市道路清扫面积范围。

④环岛：交通环岛、绿岛应按其几何形状测量其外缘间的间距，面积应单独测量、统计。

⑤步行街：步行街长度按道路中心线确定，面积应单独测量，按人行道面积统计。

5）道路测量的分段起止点应进行现场标记。

（4）测量方法

1）图纸计算法：根据竣工图纸中标注数字计算道路清扫面积。

2）地图判读法：根据现状地图或卫星图片，测算出道路的长、宽等计算项，从而计算出道路的长、宽等计算项，从而计算出道路清扫面积。

3）仪器测量法：利用全站仪、测距仪等仪器，根据测绘学原理和技术，测量出道路的长、宽等计算项，从而计算出道路清扫面积。

4）简易测量法：利用卷尺等较简易的工具，测量出道路的长、宽等计算项，再计算道路清扫面积。

5）GPS 求积法：利用 GPS 仪器，直接读出所测点的坐标及被测段长、宽和面积等计算项。

6）综合测量法：综合运用以上几种测算方法。

（5）测量设备

1）根据测量方法、场地、工作量和环境，可选择 GPS 手持机、全站仪、测距仪、卷尺、比例尺等设备。

2）测量仪器设备应满足以下要求：

①电子设备应符合 GB/T 11463 要求。

②全站仪应满足 JJG 100 要求。

③测距仪应符合 JJG 703 要求。

## 二、道路清扫保洁面积计算与统计

### 1. 基本计算方法

按式 4—1 计算。

$$S = L \cdot D \qquad \text{（式 4—1）}$$

式中：

$S$——面积，$\text{m}^2$。

$L$——长度，m。

$D$——宽度，m。

### 2. 分段计算方法

路幅和结构复杂或不规则的地段应按式 4—2 计算。

$$s_r = \sum_{i=1}^{n} L_i D_i \qquad \text{（式 4—2）}$$

式中：

$S_r$ ——面积，$m^2$。

$L_i$ ——第 $i$ 次测量的长度，$m$。

$D_i$ ——第 $i$ 次测量的宽度，$m$。

### 3. 清扫面积的统计

（1）道路清扫总面积包括车行道、非机动车道、人行道、分隔设施及分隔设施间隙的面积之和（见图 4—1），不应包含绿化分隔设施的面积。按式 4—3 计算总面积。

$$S_t = S_1 + S_2 + S_3 + S_4 + S_5 \qquad \text{（式 4—3）}$$

式中：

$S_t$ ——清扫总面积，$m^2$。

$S_1$ ——机动车道面积，$m^2$。

$S_2$ ——非机动车道面积，$m^2$。

$S_3$ ——人行道面积，$m^2$。

$S_4$ ——分隔设施面积，$m^2$。

$S_5$ ——分隔设施间隙面积，$m^2$。

（2）分快慢道的机动车道应按快慢车道分别测量、统计。

（3）各测量项（机动车道、非机动车道、人行道）均应按车行方向分别测量、统计。

（4）无交通分隔线的道路可不分车道一次测量行车道总宽，再分别测量两侧的人行道。

### 4. 交叉道口面积计算

（1）道路交叉的面积计算按照以下优先顺序：

1）不同级别道路从高到低的顺序为快速路、主干道、次干道、一般道路。两个道路相交时，其交叉的部分（中间和四角）均计入

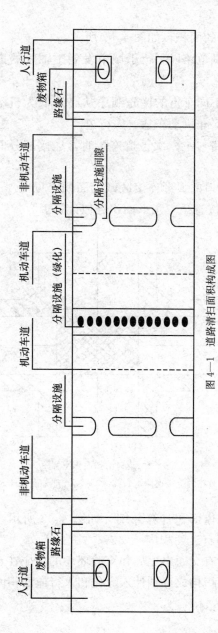

图 4—1　道路清扫面积构成图

较高级别的道路的面积，如图4—2所示。

2）同一级别道路以平行于城市发展主轴线的道路优先于与主轴线相交的道路。

3）同一道不同车道的优先顺序从高到低为机动车道（包括快车道与慢车道）、非机动车道、人行道。

4）街巷道路与主、次干道连接时，连接部分面积计入街巷道路。

（2）交叉道口的弧形连接区域的面积（见图4—2中的阴影1、2、3、4部分）按直角三角形面积近似计算。

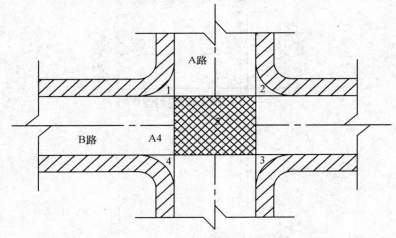

图4—2 道口清扫面积示意图

注：A路为B路的上级道路，1、2、3、4、5部分面积计入A路中。

（3）丁字路口面积计算与统计如图4—3所示，阴影部分的面积计入B路的车行道面积内。

（4）道口设有交通渠化岛和交通环岛的，应在道口车行道面积中扣除，按其面积构成分别计入绿化和人行道面积内。

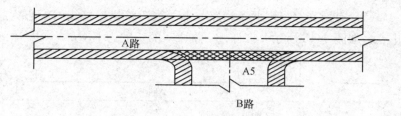

图4—3 道路清扫面积示意图

## 5. 道路长度的起止点

（1）两直交路口以两路中心线交点为起止点，如图 4—4 所示。A 路 BC 路段间的长度为 $B_1C_1$。

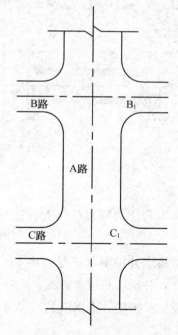

图4—4 直交道口两路间的长度

（2）有斜交路口以两条道路与上一级道路相连接线的中心为起止点，如图 4—5 所示。A 路 BC 路段间的长度为 $B_2C_2$。

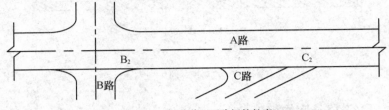

图 4—5  斜交道口两路间的长度

（3）不包括道口面积的道路的起止点应以该路中心线与上一级道路车行道边缘线相交点为起止点，如图 4—6 所示。C 路 AB 路段间的长度为 $A_3B_3$。

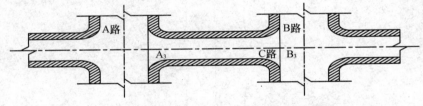

图 4—6  道口间长度示意图（注：阴影部分为人行道）

### 6. 分隔带（设施）

（1）分隔设施按车行道分隔设施、人行道分隔设施分别测量、统计。

（2）绿化分隔设施应分别测量统计。小于 1 $m^2$ 的绿化点及树穴面积可不单独统计，分别按车行道面积、人行道面积处理。

（3）车行道中设置有护栏、隔离墩的，其分隔设施面积应分别测量、统计。

（4）道路红线范围以外，沿线单位自建、自管的绿化带面积不应统计。

（5）道口渠化交通岛上的绿化面积计入道路人行道绿化面积内。

（6）行车道间设置的交通环岛、绿化岛计入车行道绿化带中。

（7）同一道路中相邻分隔设施（如绿化岛）间的面积（不包括交叉路口）计入低一级的相应车行道或人行道面积中。

### 7. 港湾式停靠站

港湾式停靠站面积不单列统计（见图4—7），其阴影部分计入车行道面积。

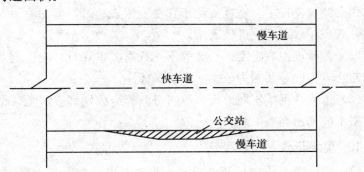

图4—7 港湾式公交站点示意图

### 8. 特别地段处理

（1）前文规定的特别地段均应单独测量、统计。

（2）交通护栏、隔离墩位于车行道范围内的按车行道分隔设施单独测量、统计。

（3）路牌、站牌等设施不计入道路清扫面积，可作为保洁设施单独测量、统计。

### 9. 数据统计

（1）数据宜采用电子表格整理和统计，数据处理时小数点后应保留一位有效数字。

（2）统计表格中应列有序号、路名、路段名（编号）等识别项；有道路类型、护栏、隔离墩、绿化带等特征项；有各种特征项的长度、宽度的测量项和机动车道面积、非机动车道面积、人行道面积、总面积等计算统计项组成。分隔设施等项可并列也可单列附表，路面结构等宜在说明中交代。

（3）车行道项中可设增加面积栏，用于零星面积的增减统计。例如，道口圆角处面积（见图 4—2 中阴影 1、2、3、4 部分的面积）及车行道绿化分隔设施间隙等面积可计入该栏。

（4）测量路段中，宽度变化不宜在表中表达时，可在附图中标注，并在表中以平均宽度值表示。

（5）测量项左右宽度、长度等不一致需要单列时，应以道路中心和起止点方向等要素为依据，并明确标注。

（6）道路数据按不同市区、不同道路等级分别列表汇总，街巷道路按不同街道列表汇总。

## 10. 现场记录与资料整理

（1）测量成果应包括原始记录、整套表格（含电子表格）、说明和图纸。

（2）现场测量作业记录表应有会签栏，会签栏应有测量路段、会签时间、测量组长、测量人、记录人、审核人等栏目，会签栏目应完整填写。

（3）整套表格应有每条道路的各测量项统计计算数据和各级别的汇总表。

（4）现场记录说明应包含以下内容：

1）道路（区段）名称、路面结构、平面构成等基本情况。

2）测量作业人员、测量范围、测量作业起止时间、统计完成时间。

3）分段情况、道口面积、分隔设施间隙面积的归属处理说明。

4）增加面积的说明。

5）测量中遇到的问题及处理方法等。

（5）道路较宽，分快车道、慢车道、非机动车道等多个级别时，统计应根据不同车道分行单列统计。有多条快车道时可根据需要考虑是否分别统计。

（6）图形比例应适当，不宜小于 1∶2 000，并应明确标注。

（7）道路改造等造成道路平面结构发生较大变化的，在道路施工完工后应重新测量、统计、登记。

（8）成果提交后应由城市环境卫生主管部门组织验收，验收应有抽样核查测量内容，测量单位应根据验收中提出的问题做出修正。

## 理论知识复习题

**一、判断题（将判断结果填入括号中。正确的填"√"，错误的填"×"）**

1. 一级道路等级划分的条件之一是商业网点集中、道路旁商业店铺占道路长度不小于 50％的繁华闹市地段。　　　（　　）

2. 城市主次干路及其附近路段属于二级道路保洁范围。

（　　）

3. 交通渠化岛是指十字交叉路口和丁字路口设置的引导不同行进方向车辆和行人的交通岛。　　　（　　）

4. 主干道是以交通功能为主，连接城市各主要分区的干路。一般采用机动车与非机动车分隔形式。　　　（　　）

5. 路缘石是铺设在道路边缘或标定路面界限的界石。路缘石的内缘线与人行道衔接，外缘线与车行道连接。　　　（　　）

6. 港湾式停靠站是在道路车行道内侧，采用局部拓宽车行道路面积的公共交通停靠站。（　　）

7. 交通环岛、绿岛应按其几何形状测量其外缘间的间距，面积不需单独测量、统计。（　　）

8. 无交通分隔线的道路可不分车道一次测量行车道总宽，再分别测量两侧的人行道。（　　）

9. 路牌、站牌等设施应计入道路清扫面积，不可作为保洁设施单独测量、统计。（　　）

10. 交通护栏、隔离墩位于车行道范围内的按车行道分隔设施单独测量、统计。（　　）

11. 行车道间设置的交通环岛、绿化岛不计入车行道绿化带中。（　　）

12. 测量成果应包括原始记录、整套表格（含电子表格）、说明和图纸。（　　）

**二、单项选择题（选择一个正确的答案，将相应的字母填入题内的括号中）**

1. 街巷、里弄（指没有责任人，又不属于市容环境卫生管理部门负责组织清扫、保洁的小街、小巷和里弄等）的市容和环境卫生，由（　　）负责组织保洁人员进行清扫、保洁。

　　A. 相关管理单位

　　B. 所在地的街道办事处

　　C. 镇人民政府

　　D. 所在地的街道办事处或者镇人民政府

2. 一级道路等级划分要求是平均人流量为（　　）以上和公共交通线路较多的路段。

　　A. 40 人次/min　　　　　　　　B. 60 人次/min

　　C. 80 人次/min　　　　　　　　D. 100 人次/min

3. 城郊结合部的主要交通路段，人流量、车流量一般的路段属于（　　）道路保洁范围。

　　A. 一级　　　　　　　　B. 二级

　　C. 三级　　　　　　　　D. 四级

4. 2006 年，上海市市容环境卫生管理局制定了《上海市城市道路清扫保洁作业规范》，将城市道路保洁等级分为（　　）。

　　A. 一级、二级、三级

　　B. 特级、一级、二级、三级

　　C. 特级、一级、二级

　　D. 一级、二级、三级、四级

5. （　　）是城市各区域连接主干道，起集散交通作用，兼有服务功能的道路。

　　A. 主干道　　　　　　　B. 次干道

　　C. 一般道路　　　　　　D. 街巷道路

6. 道路清扫面积测算要求测量的偏差应控制在（　　）。

　　A. ±1%　　　　　　　　B. ±2%

　　C. ±3%　　　　　　　　D. ±4%

7. 不同级别道路从高到低的顺序为（　　）。

　　A. 主干道、快速路、次干道、一般道路

　　B. 主干道、次干道、快速路、一般道路

　　C. 快速路、主干道、次干道、一般道路

　　D. 快速路、主干道、一般道路、次干道

8. 同一道不同车道的优先顺序从高到低为（　　）。

　　A. 快车路、非机动车道、慢车道、人行道

　　B. 快车路、慢车道、人行道、非机动车道

　　C. 非机动车道、快车路、慢车道、人行道

　　D. 快车路、慢车道、非机动车道、人行道

9. 绿化分隔设施应分别测量统计。小于（　　）m² 的绿化点及树穴面积可不单独统计，分别按车行道面积、人行道面积处理。

A. 1　　　　　　　　　　　B. 2

C. 3　　　　　　　　　　　D. 4

10. 图形比例应适当，不宜小于（　　），并应明确标注。

A. 1∶1 000　　　　　　　　B. 1∶2 000

C. 1∶3 000　　　　　　　　D. 1∶4 000

 理论知识复习题答案

**一、判断题**

1. ×　　2. √　　3. √　　4. √　　5. ×　　6. ×　　7. ×　　8. √

9. ×　　10. √　　11. ×　　12. √

**二、单项选择题**

1. D　　2. D　　3. C　　4. A　　5. B　　6. A　　7. C　　8. D

9. A　　10. B

# 第5章
# 道路清扫保洁

## 第1节 道路清扫保洁质量标准

### 学习目标

● 掌握道路清扫保洁基础知识
● 掌握道路清扫保洁作业要求

### 知识要求

#### 一、道路清扫保洁基础知识

#### 1. 术语与定义

（1）道路保洁范围：指道路和公共广场、公共绿地、道路公共设施等。

（2）道路：指本市行政区域内除公路以外供车辆和行人通行的，具有规定名称的道路、高架道路、桥梁、隧道及其附属公共设施。

（3）保洁：利用人力和机械手段，对城市公共环境的平面和立面污染物，进行清除和清洁维护，以恢复和保持其原有的状况，达到城市环境整洁的清洁过程。

（4）公共设施：指设置在道路人行道及公共广场的环卫设施、道路交通设施、服务设施及其他设施。

1）环境卫生设施包括废物箱。

2）道路交通设施包括公共交通候车亭、电子公交站牌、导向牌、指示铭牌、公共交通站牌、停车场计费表、路名牌、交通标杆、路灯杆、电杆、交通隔离带（机动、非机动）等。

3）服务设施包括书报亭、售货亭、电话亭、邮筒（箱）、信息栏、非机动车停放亭（点）等。

4）其他设施包括电力控制箱、通信控制箱、人行道栏杆、围栏、人行道树穴盖板等。

## 2. 环境卫生对象分类及等级划分

（1）环境卫生对象分类（见表5—1）

表5—1　　　　环境卫生对象的单体、单元划分要求

| 序号 | 环境卫生对象 | 划分条件 | | 单体数 | 单元数 |
|---|---|---|---|---|---|
| 1 | 道路 | 1个自然路段 | 长度≤500 m | 1 | 1 |
| | | 1个自然路段 | 长度>500 m | 2 | 2 |
| 2 | 公共广场 | 小型 | 面积≤3 000 m² | 1 | 1 |
| | | 大、中型 | 面积>3 000 m² | 1 | 1 |
| 3 | 公共绿地 | 小型 | 面积≤10 000 m² | 1 | 1 |
| | | 大、中型 | 面积>10 000 m² | 1 | 1 |
| 4 | 废物箱 | 1个 | | 1 | |

（2）环境卫生区域等级划分。针对上海现代化大都市的情况及整体形象的要求，环境卫生区域等级划分为一级、二级、三级，具体划属原则如下：

1）一级区域。商业网点集中、道路旁商业店铺占道路长度不小于 70％的繁华闹市区地段；主要旅游点和主干路及其所在地路段；大型文化娱乐、展览等主要公共场所所在路段；平均人流量为100 人次/min 以上和公共交通线路较多的路段；主要党政机关、外事机构等行政办公所在地。

2）二级区域。城市主、次干路及其附近路段及商业网点较集中、占道路长度 60％～70％的路段；公共文化娱乐活动场所所在路段；平均人流量为 50～100 人次/min 的路段；有固定公共交通线路的路段。

3）三级区域。商业网点较少的路段；居民区和单位相间的路段；城郊结合部的主要交通路段；人流量、车流量一般的路段。

三级以下道路（不含高速、高架道路等）及郊区农村地区道路等参照三级道路保洁要求执行。

## 二、道路清扫保洁作业要求

### 1. 时间要求

（1）道路清扫保洁常规作业时间（见表 5—2）

表 5—2　　　　　　道路清扫保洁常规作业时间

| 清扫保洁等级 | 清扫保洁时间（h/d） | 清扫保洁时间 | |
| --- | --- | --- | --- |
| 一级区域 | ≥22 | 自 5：00 至 7：00、13：00至 15：00、19：00 至 21：00这三个时间段内至少完成三遍普扫 | 主要道路和重点区域必须实行24 h 保洁 |
| 二级区域 | 16～22 | | |
| 三级区域 | 12～16 | | |

（2）清除污染物时间要求。在保洁作业时段内，各类区域、设施上的点状、块状、条状污染物，以及超过质量标准中道路地面废弃物控制指标的，自产生起应在 20 min 内予以清除。

（3）不同等级道路保洁质量要求。城市道路保洁等级依据环境卫生区域等级确定，划属依据的是繁华程度、道路本身建设等级和区域性质等。

在《上海市城市道路清扫保洁作业规范》中对一、二、三级道路保洁质量提出了要求。

一级道路保洁要求：

①对人流量大的繁华路段应全天巡回保洁，路面见本色。

②一级道路的冲洗频次每日不少于两次，人行道冲洗频次每周不少于两次。

③应采取道路综合保洁法。行道树因季节原因产生落叶时，应酌情增加巡回保洁次数。

二级道路保洁质量要求：

①主要路段应巡回保洁，路面一直基本见本色。

②二级道路的冲洗频次每日不少于2次，人行道冲洗频次每周不少于一次。

③应采取道路综合保洁法。行道树因季节原因产生落叶时，应酌情增加巡回保洁次数。

三级道路保洁质量要求：

①人行天桥保洁质量应与所连接的道路保洁质量标准相同。

②三级道路的冲洗频次每日不少于一次，人行道冲洗频次每两周不少于一次。

③根据道路情况，可参照道路综合保洁法作业。根据路面污染情况可以适当延长保洁清扫时间。

## 2. 文明作业要求

（1）对作业人员的文明要求

1）职工文明礼貌、作业管理规范、服务对象满意。

2）保洁人员应规范着装，保持衣冠整齐，并佩戴工号牌，且有所属单位的明显标志。

3）夜间作业应佩戴反光安全标志。

（2）对作业工具的要求。道路清扫保洁作业工具包括人工清扫工具和清扫机械。保洁工具应整洁、摆放整齐、无破损。根据机扫和人工清扫的不同作业方式，作业前做好车辆的例行检查，以及其他作业工具、设备的检查，确保作业工具及设备整洁、安全、有效。

1）人工清扫工具。人工清扫工具包括扫帚、簸箕、铁锹和手推车等，选择时可参照表 5—3。

表 5—3　　　　　　　　人工清扫保洁工具的选择

| 工具 | 要求 |
| --- | --- |
| 铁锹 | 方形簸式、锹柄牢固、锹平整 |
| 扫帚 | 富有弹性、握竿硬实、扎结牢固、扇面紧密 |
| 手推车 | 结构完好、车轴润滑、车胎气足 |

2）清扫机械。清扫机械包括清扫车、清洗车和洒水车等。

（3）作业过程中的文明要求

1）保洁人员应规范操作，清扫时应控制扬尘，避免扰民。

2）清洗车作业时，应打开警示信号提醒路边行人，并应控制适当的水压和行速，避免水柱喷到路边行人。

3）在收集、运输垃圾过程中，不得有洒落、飞扬、滴漏现象。

4）垃圾收集车不得横向占道。

**3. 道路清扫保洁质量要求和环境卫生控制指标**

（1）道路清扫保洁质量要求

1）路面无各类废弃物，无痰迹、粪便、污水、污物等。

2）人行道侧石、行道树树穴内等无各类废弃物。

3）应保持窨井进水口清洁；隔栅板沟眼畅通，无灰沙、无积垢黏附；沟底无残留污水、无残积沙土、无明显污迹。

4）清道垃圾收集容器、道路两侧的废物箱等环卫设施的外表无积灰、无污迹、无乱张贴物。

5）清道垃圾、沿街上门收集垃圾，禁止垃圾再次落地、污水滴漏。

6）收集的清道污水应符合环保的处理要求。

概括起来，道路保洁质量应达到无浮土、垃圾、渣土、污水、烟头、纸屑、瓜果皮核、痰迹及其他污物，具体表现为"六清、四无、二洁、一通"：

六清：路面清、人行道清、沟底清、墙角清、树根清、隔离障清。

四无：无小堆垃圾、无废弃砖石、无积存污水、无漏扫。

二洁：车辆、工具完好整洁，废物箱内外整洁。

一通：窨井沟眼通。

（2）道路环境卫生控制指标（见表5—4）

### 4. 道路清扫保洁服务要求

（1）作业前应做好作业工具、设备的检查，确保作业工具、设备的整洁、安全、有效。

（2）一级区域的道路和公共广场的日间人工保洁应使用小扫帚，并配备具有相关功能的小工具。

（3）清扫路面要全面、彻底，清扫过的路面不得留有废弃物。

（4）清扫人行道、路面、沟底的垃圾后，要及时清理，不得将垃圾扫入窨井、河道等。

（5）雨天清扫保洁时，应及时清理窨井口垃圾，保持窨井口畅通。

（6）清扫保洁绿化隔离带时，应注意保护绿化。

（7）在收集、运输垃圾过程中不得有洒落、飞扬、滴漏现象。

表5—4　　　　　　　　　　　道路环境卫生控制指标

| 项目 | 不允许存在的缺陷 | 允许存在的缺陷 | | 各质量等级缺陷当量控制标准 | | |
| --- | --- | --- | --- | --- | --- | --- |
| | | 缺陷名称 | 1个缺陷的物理量 | 一级区域 | 二级区域 | 三级区域 |
| 路面 | 1）条状污染物 2）块状污染物 3）粪便 | 点状污染物 | 3 m半径以内点状污染物≤5个 | 2处 | 4处 | 8处 |
| 沟底 | | 点状污染物 | 3 m半径以内点状污染物≤5个 | | | |
| 人行道 | | 点状污染物 | 2 m半径以内点状污染物≤5个 | | | |
| 墙角 | 1）条状污染物 2）块状污染物 | 点状污染物 | 3 m半径以内点状污染物≤5个 | | | |
| 附属设施 | 1）乱涂写 2）乱招贴 3）乱刻画 | 浮灰 | 当划痕长度为10 cm时出现浮灰堆积 | 1处 | 2处 | 4处 |

注：缺陷的物理量指缺陷的长度、面积、体积和强度等。

缺陷当量指以人的最小感觉厌恶度衡量的各种缺陷所对应的物理量。

（8）清扫保洁时遇乱吐、乱扔、乱倒等不文明行为，应以文明、礼貌用语加以提醒与劝阻。

（9）清扫垃圾应运到指定收集点，倒入收集容器。

（10）垃圾倾倒后应将垃圾收集容器复位，摆放整齐，无洒落，容器内无留存垃圾及污水。配备专用收集车，做到定时、定点收集，完工后进行场地清洁，无二次污染。

（11）保洁后工具堆放整齐，冲洗掉污水处理干净，不对行人、周边环境和市民生活造成影响。

# 第 2 节　道路清扫保洁操作

## 学习目标

- 掌握道路人工清扫作业规范和作业程序
- 掌握安全生产、文明作业知识
- 掌握清道垃圾中转作业要求
- 能够进行人工道路保洁
- 能够进行人工道路清洗

## 知识要求

### 一、人工道路清扫保洁作业

人工道路清扫保洁是指用扫帚、簸箕、铁锹等简易工具清扫地面的尘土、杂物等。

#### 1. 人工道路清扫保洁要求

（1）文明清扫，道路洁净。

（2）清扫路面要彻底干净，清扫过的路面不得留有废弃物。

（3）扫清人行道、马路路面的垃圾后，要及时畚清，不得遗漏对沟底的清扫。

（4）保洁员要文明作业，掌握气候特点，顺风扫时，注意扬尘不影响过往行人。

（5）遇到雨天积水清扫时，注意不使泥浆飞溅到过往行人。

（6）遇到灾害性气候时，应及时启动道路清扫应急预案。

#### 2. 人工道路清扫保洁作业工具的使用规范

（1）手推垃圾收集车要顺道停靠在路边右侧位置，右边的车轮一般离沟底 10 cm 左右。

（2）手推垃圾收集车上的工具不得超出车身宽度，不准在车外吊挂布袋等杂物。

（3）手推垃圾收集车不得停放在公交站点、消防龙头、交叉路口、弄堂口和快车道上（清扫有非机动车道隔离带的可根据路面情况，在确保安全的前提下，适当停放）。

（4）手推垃圾收集车要每天清洁，不准留有污渍。

### 3. 人工道路清扫保洁操作规范

（1）一般情况下的人工道路清扫保洁

1）人工道路清扫保洁的操作。道路人工清扫的清扫幅度约为 2 米，清扫时，道路清扫程序一般为一扫人行道、二扫隔离障、三扫车道路面、四扫路边沟底。从清扫地段的中部开始向道路的边沿扫，由边沿将垃圾分段集中，采用沿路收集的方法，用簸箕或铁锹将垃圾装入手推车。

①清扫人行道时，先扫地坪，再扫墙脚，三扫树根，四扫人行道。

②道路清扫最难扫的地方是隔离障。因此，清扫隔离障时，要仔细扫，先扫一把，再带一把，最后清一把。

③清扫车道路面时（先扫隔离障，再扫路面），应先扫一把，再跟一把，最后清一把，前进一步继续扫。

④道路污染最严重的地方是沟底，道路上积水最多的地方也是沟底，因此，清扫路面时，应注意对路边沟底的清扫。清扫路边沟底时，先扫一把，再带一把，最后清一把，横跨一步继续扫。

2）人工道路清扫保洁的注意事项

①掌握风向顺风扫，雨天积水用力扫（如遇大雨先将表面污物扫净，停雨后将雨水推干净），公交车站（遇到行人）招呼扫，商业网点宣传扫，路边沟眼绕道扫，车辆占道弯腰扫。

②清扫的垃圾不能倒入附近的废物箱内，要及时收集，以免造成再次污染。

③"五不准"：不准在上岗前酗酒；不准在作业时吸烟；不准在道路和公共场所随意席地而坐；不准将扫帚和铁锹在地面上拖走；不准在收集车外吊挂布袋等杂物。

④清扫时必须穿戴劳防用品，保持整洁规范，不扬尘、不扰民，礼貌待人，作业时要瞻前顾后，注意行人和来往车辆，注意安全生产。

（2）特殊情况下的人工道路清扫保洁

1）落叶季节的清扫作业。在刮风落叶季节，应根据道路的情况确定清扫次数。严禁焚烧落叶，因为焚烧的烟雾含有害成分，既有害于健康，又污染空气。

2）暴风雨天气的清扫作业。雨天清扫道路时，应及时把窨井下水口周边垃圾清除干净，保持畅通、不堵塞。雨天清扫保洁时，视线会受到一定影响，应注意车辆、行人和积水路面。发现窨井盖缺失时，应设置明显标志，并将情况及时通报相关部门。

3）冬季降雪天气的清扫作业。如果路面积雪结冰，应调整作业时间，集中力量开展除雪作业。冬季清除路面积雪时，需使用融雪剂，铲除的积雪应先堆放在人行道侧右边。

4）路面有严重污染情况的处理。工程渣土大面积散落、大面积油污、泥浆遍地都是道路环境卫生的严重污染情况，处置方式是报告上级并及时冲洗清除。

**4. 清道垃圾中转要求**

（1）清道垃圾上车点设置。清道垃圾上车点的设置必须遵循两个原则：一是避开主干道；二是上车点必须距离居民区 50 m 以上。

（2）手推车停车规范

1）画线。在清道垃圾上车点平行于人行道画一直线（或其他标识），宽度为 60 cm，长度根据上车点实际手推车数量确定。

2）停放。到达清道垃圾上车点的手推车必须按同一方向依次停靠在线内，作业工具摆放应平行于人行道，紧靠右侧，车轮距沟底约 10 cm。

（3）上车点现场作业规范。垃圾倾卸完后，必须做到车走场地清，避免垃圾二次落地；上车点场地应做到每天洗刷一次，减少臭气扰民现象。

（4）收集时间规范。应根据本上车点的实际情况，设定收集次数和收集时间。机动收集车必须按设定的收集流程，按时到达收集点，误差不得超过 10 min；手推车到达上车点的时间允许比规定收集时间提前 10 min。

（5）其他作业要求。上车点现场需指定一名负责人维持现场秩序。手推车上车或倾卸需在现场负责人的指挥下，依次有序作业。手推车停放完毕后，作业人员不得在现场大声喧哗、嬉闹，做与作业无关的事，应规范、整齐地在手推车附近等待垃圾收集车。

## 二、人工道路冲洗保洁操作

### 1. 人工道路冲洗保洁质量标准

道路冲洗质量标准为无积泥、无积水、无污迹、见本色。电动小型清洗机车等小型冲洗设备作业时，应做到道路隔离障无积尘、路面无尘泥、道路两侧沟底无积水，不得漏冲。

### 2. 人工道路冲洗保洁设备、工具

人工冲洗道路设备、工具主要包括冲洗机、电动小型清洗机车、毛刷等。电动小型清洗机车主要用于道路沟底，道路隔离障及路面、人行道的冲洗，其行驶速度必须低于 20 km/h。

### 3. 人工道路冲洗保洁操作规范

（1）道路冲洗作业现场的布置维护。道路冲洗就是要清除道路

上的各种污染，以保证环境的干净和整洁。常见的道路环境污染情况主要包括油污、尘泥、漂浮垃圾等。为了清除道路污染，就需在道路清扫的基础上对道路进行冲洗。冲洗时，首先要布置、维护作业现场，提醒行人避开，防止水花溅到路人，以便更好地做到文明作业，提升形象；其次，要按照道路冲洗保洁要求和操作规程进行规范作业，严格遵守作业程序。

（2）人工道路冲洗保洁要求

1）作业车辆应保持车容整洁，专用标志清晰完整，专用设备、警示灯和指示板灵敏有效、无残缺。夜间作业时严禁使用警报器，必须开警示灯。

2）作业时应按规定路线、时间进行道路清洗。

3）作业时速标准不得超过 20 km/h，清洗回场后做好车辆保养，以保证正常用车。

4）当气温低于 4℃或遇黄梅季节、雨天（以当日开始作业时天气情况为准）等不适宜道路清洗的情况时，应暂停道路清洗作业。

5）步行街或广场使用磨地机及吸水机并定期使用清洁剂冲刷，随磨随吸做到地面不滑，磨洗后地面无污垢及附着物，地面见本色，无积水。

6）对居民居住集中区域的道路清洗时，应减小车辆噪声；遇人行道停放自行车时，应将自行车搬离后再清洗；遇行人时，应控制水压和行速。

（3）人工道路冲洗保洁操作规程

1）出车前检查轮胎气压、灯光、制动等。

2）在规定的加水处，紧靠路边加水。

3）到达作业地点后，开启工作灯，一人手持喷枪（不可对准人），打开开关，一人启动水泵。

4）启动水泵时，将发动机点火开关置于 ON，轻轻拉起启动手柄，直至感到有阻力时，再用力拉动。

5）运转 2～3 min 后，加大油门至工作压力，开始工作。

6）普通路面工作压力一般为 14 MPa，根据路面情况可调整压力。

7）冲洗作业时，应密切注意行人和车辆，随时调节喷水方向和喷水扬程。

8）作业结束、油门怠速运转 2 min 后，将点火开关置于 OFF，关闭发动机。

9）作业车回场后，应清洁车辆，放尽水箱中余水。

10）电池放电后（不论车辆行驶时间和里程），都必须当天充电。充电期间，将车辆置于空气流通良好处，并打开电瓶盖，以免事故发生。充好电后，盖紧电瓶盖。

11）对于水泵的使用，严禁无水时运转水泵；严禁将喷头对准人体；严禁 4℃以下使用。

## 三、遇暴雨时的应急处置

接到台风暴雨预警之后，市相关部门通过短信平台及时通知各区县环卫管理部门，各区县环卫部门按照预警区域和预警等级，组织作业单位部署开展排水应急工作。道路保洁人员应做到以下几点：

1. 在暴雨前，开展清洁进水口、清除道路废物箱垃圾及上门收集沿街商店垃圾等工作，清空废物箱内的垃圾，对破损废物箱进行维修加固。同时，再一次清除道路路面的垃圾和枯枝落叶，尤其是沟眼、窨井口周边的垃圾和淤泥。

2. 暴雨期间，迅速支援排水部门做好排水应急工作，加强对容易积水路段的巡查。下雨时逆行清扫，清除下水口上的杂物、垃圾，避免垃圾堵住下水口造成路面积水。雨情加剧时，及时安排保洁人员在路边下水口值守，随时清除窨井上的杂物、垃圾。

3. 暴雨停止或减小时，先清理污水口上杂物，对积水道路进行冲洗，清理路面污泥，以保证路面无积水、无垃圾积存。

# 第 3 节　安全作业与自我保护

## 📖 学习目标

● 掌握道路清扫保洁安全作业常识

## ✏️ 知识要求

### 一、安全作业

#### 1. 安全作业的前提

(1)"一想""二查""三严"

"一想"：根据当天情况，认真检查作业中会有哪些不安全的因素，应采取哪些预防措施。

"二查"：所用的劳动工具是否符合安全作业要求，有无隐患。

"三严"：严格遵守安全作业制度，严格执行安全操作规程，严格遵守劳动纪律。

(2) 安全三原则

1) 整理工作地点，拥有一个整洁有序的作业环境。

2) 经常维护、保养设备。

3) 按照标准进行操作。

(3) 做到"三不伤害"

1) 不伤害自己。

2）不伤害他人。

3）不被他人伤害。

（4）"四必须"

1）必须遵守规章制度。

2）必须了解本岗位的危险、危害因素。

3）必须正确佩戴和使用劳动防护用品。

4）必须严格遵守危险性作业的安全要求。

（5）"五严禁"

1）严禁在禁火区域吸烟、点火。

2）严禁在上岗前和工作时间饮酒。

3）严禁擅自移动或拆除安全装置和安全标志。

4）严禁擅自触摸与己无关的设备、设施。

5）严禁在工作时间窜岗、离岗、睡岗或嬉戏打闹。

## 2. 安全作业警示标志

安全警示标志牌是向人们提供禁止、警告、指令和提示等安全信息。根据国家规定，安全颜色分为红、黄、蓝、绿四种。

1. 红色用于表示禁止、紧急停止、防火等信号。

2. 黄色适用于警告、注意等信号。

3. 蓝色被用作指令、必须遵守的规定标志。

4. 绿色表示安全状态和通行的提示。

## 3. 道路清扫工安全作业

（1）严禁违章作业

1）机械设备转动部位必须装好防护罩后才能作业；在机械或设备运转状态下，操作人员不得擅自离开。

2）不准对运转的机械或设备进行清洁、加油或修理；严禁私自拆除机械安全装置。

3）严禁在机动车运行中上车或下车。

4）严禁使用报废的劳动工具或存在安全隐患的机械装置和车辆。

5）严禁穿戴不符合安全生产要求的劳动防护用品等。

（2）人工道路清扫保洁安全注意事项

1）作业前。必须穿戴好统一的劳动防护工作服和其他用品，佩戴工号胸章，检查收集车及作业时所用工具是否符合安全生产要求。在凌晨或夜间作业时，必须穿戴好反光安全带或反光安全背心，严禁穿戴不符合安全生产要求的劳动防护用品。

2）作业时。应集中精力，随时注意道路的交通情况，特别要注意来往车辆和行人，尤其是慢车道或非机动车道上的各种车辆。

3）收集车停放时。应尽量不妨碍车辆和行人通行，必须顺道靠右停，右边的车轮一般不靠沟底，不准停放在机动车车行道上及公交车站、消防龙头、交叉路口、企事业单位和社区大门口或弄堂口。车上的工具摆放不准超出车的宽度。

4）收集车推行时。必须严格遵守道路交通规则，做到一慢、二看、三通过。在通过铁路道口时，应当按照交通信号或者管理人员的指挥通行；通过没有交通信号和管理人员的铁路道口时，应当在确认无火车驶临后，迅速通过。

5）如发生道路交通事故，先要保护好事故现场，看清肇事车辆的车牌号码，迅速报告交通警察，及时通知单位安全管理员到达现场，协助交通警察处理事故。

6）作业结束后。应当做好作业工具和收集车清洁保养工作。

（3）熟悉作业周边道路环境情况，掌握地区相关知识

1）路牌指向。道路牌上的走向指示："N"指示的是北，"S"指示的是南。

2）上海气候特征。上海属于亚热带湿润季风气候，四季分明，日照充分，雨量充沛，常受到台风影响。上海气候温和湿润，气温

最高的是 7 月、8 月，极端最高气温超过 40℃，极端最低气温在
－10℃ 左右。

## 二、自我保护

道路清扫保洁除按作业规范操作外，更要加强自我保护的意识，采取各种保护措施，尽量避免事故的发生。

1. 清扫道路过程中，影响人体健康的主要是灰尘，在道路清扫过程中注意控制扬尘，无洒落、飞扬等现象。

2. 雨天作业时，要穿戴好雨具和防滑雨靴及反光安全背心，作业时做到一看（看过往的车辆和动态）、二让（让过往的车辆和行人）、三听（听周围异常的声音，避免突如其来的事故给自己造成伤害）、四停（遇到车辆多、行人拥挤的时候，可暂停一下手中的工作，避免发生矛盾）。

3. 在有积水的路面作业时注意个人安全，一要注意路面上窨井盖是否丢失，遇到窨井绕道行走；二要注意积水处是否有落地式分电箱、变压器等设备，在可能存在漏电隐患的积水地区不要轻易涉水。

4. 发现窨井盖缺失，或者发现落地式分电箱、变压器等设备周围有积水的，应及时向上级部门汇报。

5. 遇到雷雨天，不到大树下避雨，以免被雷电击伤。

6. 在大风天气作业时，穿戴的劳动防护用品应扣紧，避免松散的衣物被来往的车辆或机械夹勾、缠绕引发伤害事故。

7. 高温天气作业时，戴好遮阳帽，避开强日光照射，多喝盐汽水，尽量减少身体中的盐分流失，防止中暑。

8. 学会急救、自救和互救方法。当遇到轻微伤害事故时，快速进行急救、自救和互救，避免伤情加重。紧急救护电话号码是120，火警电话号码是119。

# 🔒 理论知识复习题

**一、判断题（将判断结果填入括号中。正确的填"√"，错误的填"×"）**

1. 城市道路保洁不包括绿地。　　　　　　　　　　　　（　　）

2. 对人流量大的繁华路段应全天巡回保洁。　　　　　（　　）

3. 道路路面环境卫生允许存在的 1 个缺陷物理量是 3 m 半径内点状污染物不多于 5 个。　　　　　　　　　　　　　　　（　　）

4. 条状污染物是沟底环境卫生允许存在的缺陷。　　　（　　）

5. 块状污染物是人行道环境卫生允许存在的缺陷。　　（　　）

6. 条状污染物是道路路面环境卫生不允许存在的缺陷。

　　　　　　　　　　　　　　　　　　　　　　　　（　　）

7. 在保洁作业时间段内，超过质量标准中道路路面废弃物控制指标的，自产生起应在 30 min 内予以清除。　　　　　（　　）

8. 道路清扫保洁工具包括人工清扫工具和清扫机械。　（　　）

9. 一级区域的道路和公共广场的日间人工保洁应使用小扫帚。

　　　　　　　　　　　　　　　　　　　　　　　　（　　）

10. 人工道路清扫时，先扫车道路面、沟底，再扫人行道。

　　　　　　　　　　　　　　　　　　　　　　　　（　　）

11. 清扫人行道时，应先扫地坪，再扫墙脚，后扫树根。

　　　　　　　　　　　　　　　　　　　　　　　　（　　）

12. 道路清扫最难扫的地方就是人行道。　　　　　　（　　）

13. 清扫车道路面时，应先扫一把，再跟一把，最后清一把，前进一步继续扫。　　　　　　　　　　　　　　　　　（　　）

14. 沟底清扫时，应先扫一把，再带一把，最后清一把，及时

畚（撮）清，横跨一步继续扫。　　　　　　　　　（　　）

15. 在刮风落叶季节，应根据道路的情况确定清扫次数。

（　　）

16. 雨天清扫道路时，应及时把窨井下水口周边垃圾清除干净。　　　　　　　　　　　　　　　　　　　　　　　（　　）

17. 如果路面积雪结冰，不宜在凌晨作业。　　　　　（　　）

18. 清扫保洁时，窨井沟眼要及时疏通。　　　　　　（　　）

19. 隔栅板沟眼应无灰沙、无积垢黏附。　　　　　　（　　）

20. 手推车可以在公交停靠站停放。　　　　　　　　（　　）

21. 清道垃圾上车点设置不必避开主干道。　　　　　（　　）

22. 清道垃圾中转点手推车停车规范：一是画线设定停车区域；二是车辆同向依次停靠。　　　　　　　　　　　　（　　）

23. 在清道垃圾中转时，做到车走场地清。　　　　　（　　）

24. 手推车到达上车点的时间，不允许提前。　　　　（　　）

25. 控制扬尘，避免扰民，无洒落、飞扬、滴漏现象，是环卫保洁人员职业道德规范之一。　　　　　　　　　　　（　　）

26. 公共设施不包含环卫设施。　　　　　　　　　　（　　）

27. 环境卫生对象单元是环境卫生质量检查对象中基本的计数单位。　　　　　　　　　　　　　　　　　　　　　　（　　）

28. 环境卫生质量的缺陷是指因各种外部作用而形成，影响环境卫生质量的各种污染物。　　　　　　　　　　　（　　）

29. 一级环境卫生区域每日清扫保洁时间为 16～22 h。（　　）

30. 一级区域的道路和公共广场的日间人工保洁应使用小扫帚。　　　　　　　　　　　　　　　　　　　　　　　（　　）

31. 机关、企事业单位门前环境卫生由城市环境卫生专业单位负责清扫保洁。　　　　　　　　　　　　　　　　　（　　）

32. 清扫道路无须熟悉作业周边道路。　　　　　　　（　　）

33. 上海属亚热带湿润季风气候，四季分明。　　　（　　）

34. 上海最高气温低于 35℃。　　　（　　）

**二、单项选择题（选择一个正确的答案，将相应的字母填入题内的括号中）**

1. 以下不属于道路保洁范围的是（　　）。

　　A. 车行道　　　　　　　　　B. 人行道

　　C. 公厕　　　　　　　　　　D. 废物箱

2. 以下不属于道路保洁范围的是（　　）。

　　A. 步行街　　　　　　　　　B. 绿地

　　C. 人行天桥　　　　　　　　D. 建筑物外立面

3. 对人流量最大的繁华路段，应全天巡回保洁路面（　　）。

　　A. 见本色　　　　　　　　　B. 基本见本色

　　C. 不见色　　　　　　　　　D. 见白色

4. 道路路面环境卫生允许存在缺陷的是（　　）。

　　A. 条状污染物　　　　　　　B. 块状污染物

　　C. 粪便　　　　　　　　　　D. 点状污染物

5. 一级区域道路路面环境卫生缺陷当量控制标准为（　　）处。

　　A. 1　　　　　　　　　　　B. 2

　　C. 3　　　　　　　　　　　D. 4

6. 沟底环境卫生允许存在的缺陷是（　　）。

　　A. 条状污染物　　　　　　　B. 块状污染物

　　C. 粪便　　　　　　　　　　D. 点状污染物

7. 一级区域道路沟底环境卫生缺陷当量控制标准为（　　）处。

　　A. 1　　　　　　　　　　　B. 2

　　C. 3　　　　　　　　　　　D. 4

8. 人行道环境卫生允许存在的缺陷是（　　）。

    A. 条状污染物　　　　　　　　B. 块状污染物

    C. 粪便　　　　　　　　　　　D. 点状污染物

9. 一级区域道路人行道环境卫生缺陷当量控制标准为（　　）处。

    A. 1　　　　　　　　　　　　B. 2

    C. 3　　　　　　　　　　　　D. 4

10. 墙角环境卫生允许存在的缺陷是（　　）。

    A. 条状污染物　　　　　　　　B. 块状污染物

    C. 粪便　　　　　　　　　　　D. 点状污染物

11. 一级区域道路墙角环境卫生缺陷当量控制标准为（　　）处。

    A. 1　　　　　　　　　　　　B. 2

    C. 3　　　　　　　　　　　　D. 4

12. 二级环境卫生区域每日清扫保洁时间为（　　）。

    A. 12～16 h　　　　　　　　B. 16～22 h

    C. 18～22 h　　　　　　　　D. 不少于 22 h

13. 一级环境卫生区域每日至少完成（　　）遍普扫。

    A. 一　　　　　　　　　　　　B. 二

    C. 三　　　　　　　　　　　　D. 四

14. 在保洁作业时间段内，超过质量标准中道路路面废弃物控制指标的，自产生起应在（　　）min 内予以清除。

    A. 10　　　　　　　　　　　　B. 20

    C. 30　　　　　　　　　　　　D. 60

15. 在保洁作业时间段内，一类环境卫生区域的块状污染物，自产生起应在（　　）min 内予以清除。

    A. 10　　　　　　　　　　　　B. 20

C. 30            D. 60

16. 选用扫帚错误的是（     ）。

    A. 富有弹性            B. 握干硬实

    C. 扎结牢固            D. 扇面松散

17. 选用手推车错误的是（     ）。

    A. 结构完好            B. 车轴润滑

    C. 车胎气足            D. 车容不洁

18. 以下关于人工清扫道路保洁服务要求，说法错误的是
（     ）。

    A. 作业前应做好作业工具、设备的检查

    B. 清扫路面要全面、彻底

    C. 清扫垃圾应放入废物箱

    D. 雨天清扫保洁时，应及时清理窨井口垃圾

19. 以下关于人工清扫道路保洁服务要求，说法错误的是
（     ）。

    A. 在收集、运输垃圾过程中不得有洒落、飞扬、滴漏现象

    B. 扫清人行道、路面、沟底的垃圾后，可将垃圾扫入附近窨井

    C. 清扫保洁绿化隔离带时，应注意保护绿化

    D. 垃圾倾倒后应将垃圾收集容器复位，摆放整齐

20. 正确的人工道路清扫作业顺序是（     ）。

    A. 一扫人行道，二扫隔离障，三扫车道路面，四扫路边沟底

    B. 一扫车道路面，二扫隔离障，三扫人行道，四扫路边沟底

    C. 一扫人行道，二扫路边沟底，三扫车道路面，四扫隔

离障

　　D. 一扫人行道，二扫隔离障，三扫路边沟底，四扫车道路
　　　　面

21. 以下做法不正确的是（　　）。

　　A. 雨天积水用力扫　　　　　　B. 公交车站绕道扫

　　C. 商业网点宣传扫　　　　　　D. 车辆占道弯腰扫

22. 清扫时，遇到行人（　　）。

　　A. 快速扫　　　　　　　　　　B. 慢慢扫

　　C. 绕过扫　　　　　　　　　　D. 招呼扫

23. 人工清扫道路，应该最先清扫（　　）。

　　A. 路面　　　　　　　　　　　B. 人行道

　　C. 沟底　　　　　　　　　　　D. 树根

24. 道路清扫最难扫的地方就是（　　）。

　　A. 路面　　　　　　　　　　　B. 人行道

　　C. 隔离障　　　　　　　　　　D. 树根

25. 清扫车道路面时，先扫（　　）。

　　A. 路边　　　　　　　　　　　B. 路面

　　C. 沟底　　　　　　　　　　　D. 隔离障

26. 道路人工清扫的清扫幅度约（　　）m。

　　A. 1　　　　　　　　　　　　B. 1. 5

　　C. 2　　　　　　　　　　　　D. 2. 5

27. 清扫（　　）路面时，先扫隔离障，再扫路面。

　　A. 人行道　　　　　　　　　　B. 车道

　　C. 隔离障　　　　　　　　　　D. 路边

28. 道路污染最严重的地方是（　　）。

　　A. 人行道　　　　　　　　　　B. 路面

　　C. 沟底　　　　　　　　　　　D. 隔离障

29. 道路清扫时，遇沟眼（　　）。

    A. 慢慢扫　　　　　　　　　　B. 绕道扫

    C. 快速扫　　　　　　　　　　D. 随便扫

30. 大风天气下清扫道路，应（　　）。

    A. 慢慢扫　　　　　　　　　　B. 顺风扫

    C. 快速扫　　　　　　　　　　D. 逆风扫

31. 严禁焚烧落叶的原因不是（　　）。

    A. 烟雾含有害成分　　　　　　B. 有害健康

    C. 污染空气　　　　　　　　　D. 落叶是可利用资源

32. 雨天清扫保洁时，视线受到一定的影响，但无须注意的是（　　）。

    A. 车辆　　　　　　　　　　　B. 行人

    C. 积水路面　　　　　　　　　D. 领导检查

33. 冬季降雪天气进行除雪作业时，不能（　　）。

    A. 洒融雪剂　　　　　　　　　B. 调整作业时间

    C. 集中力量作业　　　　　　　D. 冲洗路面

34. 冬季降雪天气的除雪作业时，应（　　）。

    A. 先堆放在人行道侧石边

    B. 向窨井内填雪

    C. 往花坛里堆放

    D. 在车行道上摊雪

35. 道路清扫时，遇窨井下水口要（　　）。

    A. 慢扫　　　　　　　　　　　B. 绕扫

    C. 快扫　　　　　　　　　　　D. 随便扫

36. 道路清扫时，错误的是（　　）。

    A. 窨井下水口要及时疏通

    B. 将垃圾顺手倒入窨井

C. 遇窨井下水口要绕扫

D. 注意窨井下水口位置

37. 窨井沟眼栅栏不应（　　）。

A. 保持畅通　　　　　　　　B. 无灰沙

C. 不堵塞　　　　　　　　　D. 积垢黏附

38. 手推车停放正确的是（　　）。

A. 紧靠右侧　　　　　　　　B. 横向停放

C. 路口停放　　　　　　　　D. 公交站停放

39. 手推车停放正确的是（　　）。

A. 顺道靠右停　　　　　　　B. 顺道靠左停

C. 逆向靠右停　　　　　　　D. 逆向靠左停

40. 手推车停放时，车轮距沟底约（　　）cm。

A. 10　　　　　　　　　　　B. 20

C. 30　　　　　　　　　　　D. 40

41. 清道垃圾上车点设置必须离居民区（　　）m 以上。

A. 30　　　　　　　　　　　B. 40

C. 50　　　　　　　　　　　D. 100

42. 清道垃圾上车点设置必须（　　）。

A. 避开人行道　　　　　　　B. 避开主干道

C. 避开车行道　　　　　　　D. 避开非机动车道

43. 在清道垃圾中转点，手推车停放画线宽度为（　　）cm。

A. 50　　　　　　　　　　　B. 60

C. 70　　　　　　　　　　　D. 80

44. 在清道垃圾中转点，手推车停放不规范的是（　　）。

A. 画线设定停车区域

B. 车辆相向停靠

C. 车辆依次停靠

D. 作业工具摆放平行于人行道

45. 关于清道垃圾中转，错误的是（　　　）。

　　A. 避免垃圾二次落地

　　B. 允许少量垃圾散落

　　C. 车走场清

　　D. 保持场地整洁

46. 手推车中转倾卸垃圾，不能（　　　）

　　A. 在现场指挥下作业

　　B. 依次有序作业

　　C. 规范停放手推车等待中转

　　D. 随意作业

47. 手推车到达上车点的时间，允许比规定收集时间提前（　　　）min。

　　A. 5　　　　　　　　　　　B. 10

　　C. 20　　　　　　　　　　D. 30

48. 机动中转车要按时到达中转点，误差不得超过（　　　）min。

　　A. 5　　　　　　　　　　　B. 10

　　C. 20　　　　　　　　　　D. 30

49. 下列属于作业不文明、不规范的是（　　　）。

　　A. 上岗前不酗酒

　　B. 作业时不吸烟

　　C. 将铁锹拖在地面上走

　　D. 不在手推车外吊挂杂物

50. 清扫道路过程中，影响人体健康的主要是（　　　）。

　　A. 垃圾　　　　　　　　　　B. 灰尘

　　C. 噪声　　　　　　　　　　D. 污水

51. 清道工人在作业过程中对乱扔垃圾的行人应当（    ）。

    A. 处罚 　　　　　　　　　B. 劝阻

    C. 教育 　　　　　　　　　D. 打骂

52. 一级道路的路面机械清扫频次是（    ）。

    A. 每周不少于3次 　　　　B. 每日不少于3次

    C. 每周不少于2次 　　　　D. 每日不少于2次

53. 冬季清除路上积雪，需使用（    ）。

    A. 碱 　　　　　　　　　　B. 工业用盐

    C. 水 　　　　　　　　　　D. 醋

54. 由管理单位或经营者负责清扫保洁的，不包括（    ）。

    A. 集贸市场 　　　　　　　B. 小商品市场

    C. 背街小巷 　　　　　　　D. 早市夜市

55. 路牌上"N"指示的是（    ）。

    A. 东 　　　　　　　　　　B. 南

    C. 西 　　　　　　　　　　D. 北

56. 路牌上"W"指示的是（    ）。

    A. 东 　　　　　　　　　　B. 南

    C. 西 　　　　　　　　　　D. 北

57. 上海一般（    ）月气温最高。

    A. 3 　　　　　　　　　　B. 5

    C. 7 　　　　　　　　　　D. 10

58. 以下属于环卫设施的是（    ）。

    A. 邮筒 　　　　　　　　　B. 废物箱

    C. 围栏 　　　　　　　　　D. 树穴盖板

59. 以下不属于交通设施的是（    ）。

    A. 交通隔离带 　　　　　　B. 导向牌

    C. 非机动车停放点 　　　　D. 指示铭牌

60. 与周边废弃物有密切关联的、面积在 20 cm² 以上的废弃物是（　　）。

    A. 点状污染物　　　　　　　B. 块状污染物

    C. 线状污染物　　　　　　　D. 条状污染物

61. 点状污染物是面积在（　　）cm² 以下的单个废弃物。

    A. 5　　　　　　　　　　　　B. 10

    C. 20　　　　　　　　　　　　D. 30

62. 道路长度为 500 m，划分为（　　）个单体数。

    A. 1　　　　　　　　　　　　B. 2

    C. 3　　　　　　　　　　　　D. 4

63. 道路长度为 1 000 m，划分为（　　）个单体数。

    A. 1　　　　　　　　　　　　B. 2

    C. 3　　　　　　　　　　　　D. 4

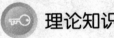

# 理论知识复习题答案

## 一、判断题

1. ×　2. √　3. √　4. ×　5. ×　6. √　7. ×　8. √
9. √　10. ×　11. √　12. ×　13. √　14. √　15. √　16. √
17. √　18. √　19. √　20. ×　21. ×　22. √　23. √　24. ×
25. √　26. ×　27. ×　28. √　29. √　30. √　31. ×　32. ×
33. √　34. ×

## 二、单项选择题

1. C　2. D　3. A　4. D　5. B　6. D　7. B　8. D
9. B　10. D　11. B　12. B　13. C　14. B　15. B　16. D
17. D　18. C　19. B　20. A　21. B　22. D　23. B　24. C

25. D　26. C　27. B　28. C　29. B　30. B　31. D　32. D
33. D　34. A　35. B　36. B　37. D　38. A　39. A　40. A
41. C　42. B　43. B　44. B　45. B　46. D　47. B　48. B
49. C　50. B　51. B　52. B　53. B　54. C　55. D　56. C
57. C　58. B　59. C　60. B　61. C　62. A　63. B

 # 操作技能复习题

**一、人工清扫道路（一）（考核时间：10 min）**

**1. 试题单**

（1）操作条件

1）道路长度 50 m，面积 100 m²；具备机动车车道、人行道、沟底、绿化带（或树穴）、窨井下水口。

2）扫把 1 把、簸箕 1 只、手推车 1 辆。

3）路面散落有 1 公斤各类废弃物，包括纸屑、塑料袋、包装纸、烟头、树叶、小石块、沙土、沙砾等；沟底及窨井下水口周边散落各类废弃物。

4）用风扇吹风，布置成大风天气的作业环境。

（2）操作内容

1）在大风天气清扫道路。

2）清扫干净路面、沟底及窨井下水口周边垃圾。

（3）操作要求

1）正确使用工具。

2）操作姿势正确、动作熟练。

3）符合道路保洁作业规程，作业质量达标。

4）安全生产、文明作业。

5）垃圾清除率达到 100％；垃圾清除率未达到 95％，则操作技能鉴定为不合格。

6）同一扣分项目中，有三处以上（含三处）未达到要求的，则操作技能鉴定为不合格。

## 2. 评分标准

（1）操作熟练

1）拿扫把姿势不正确，扣 5 分。

2）不能正确操作常用的清扫保洁工具，扣 5 分。

3）清扫操作基本动作不正确、不连贯，扣 5 分。

4）未在规定时间内完成，扣 5 分。

（2）符合作业质量标准

1）全面、彻底清扫路面，漏扫扣 5 分。

2）路面有废弃物，扣 5 分。

3）沟底有残留污水、残积沙土、明显污迹或废弃物，扣 5 分。

4）行道树树穴内有废弃物，扣 5 分。

5）垃圾清除率达到 100％，清除率每下降 1％，扣 2 分。

（3）符合作业规程

1）作业前不检查作业工具，扣 2 分。

2）清扫顺序不正确，扣 5 分。

3）扫清后，不及时畚清，扣 5 分。

4）垃圾再次落地，扣 5 分。

5）不注意风向，扣 5 分。

6）遇窨井下水口不绕扫，扣 5 分。

7）保洁后工具摆放不整齐，扣 5 分。

（4）安全生产，文明服务

1）工号牌不齐全、不规范，扣 5 分。

2）着装不统一，穿戴不规范、不整洁，扣 5 分。

3）清扫保洁绿化隔离带时，不注意保护绿化，扣5分。

4）手推车停放不规范，扣5分。

5）保洁作业过程中扬尘明显，扣5分。

（5）出现以下情况，实行一票否决，操作技能鉴定为不合格：

1）垃圾清除率未达到95%。

2）同一扣分项目中，有三处以上（含三处）未达到标准而扣分的。

## 二、人工清扫道路（二）（考核时间：8 min）

### 1. 试题单

（1）操作条件

1）道路长度50 m，面积100 m²；具备机动车车道、人行道、沟底、绿化带（或树穴）、窨井下水口。

2）扫把1把、簸箕1只、手推车1辆、铁钩一把。

3）路面散落有1公斤各类废弃物，包括纸屑、塑料袋、包装纸、烟头、树叶、小石块、沙土、沙砾等；沟底及窨井下水口周边散落各类废弃物。

4）将窨井下水口用塑料袋布置成轻微堵塞状态。

（2）操作内容

1）清扫干净路面、沟底及窨井下水口周边垃圾。

2）疏通窨井下水口。

（3）操作要求

1）正确使用工具。

2）操作姿势正确、动作熟练。

3）符合道路保洁作业规程，作业质量达标。

4）正确处理窨井下水口积垢黏附物。

5）安全生产、文明作业。

6）垃圾清除率达到100%；垃圾清除率未达到95%，则操作技能鉴定为不合格。

7）同一扣分项目中，有三处以上（含三处）未达到要求的，操作技能鉴定为不合格。

## 2. 评分标准

（1）操作熟练

1）拿扫把姿势不正确，扣5分。

2）不能正确操作常用的清扫保洁工具，扣5分。

3）清扫操作基本动作不正确、不连贯，扣5分。

4）未在规定时间内完成，扣5分。

（2）符合作业质量标准

1）全面、彻底清扫路面，漏扫扣5分。

2）路面有废弃物，扣5分。

3）沟底有残留污水、残积沙土、明显污迹或废弃物，扣5分。

4）行道树树穴内有废弃物，扣5分。

5）窨井下水口不畅通，扣5分。

6）窨井下水口有积灰、积垢黏附物，扣5分。

7）垃圾清除率达到100%，清除率每下降1%，扣2分。

（3）符合作业规程

1）作业前不检查作业工具，扣2分。

2）清扫顺序不正确，扣5分。

3）扫清后，不及时畚清，扣5分。

4）垃圾再次落地，扣5分。

5）遇窨井下水口不绕扫，扣5分。

6）不能正确处理窨井下水口积垢黏附物，扣5分。

7）保洁后工具摆放不整齐，扣5分。

（4）安全生产，文明服务

1）工号牌不齐全、不规范，扣5分。

2）着装不统一，穿戴不规范、不整洁，扣 5 分。

3）清扫保洁绿化隔离带时，不注意保护绿化，扣 5 分。

4）手推车停放不规范，扣 5 分。

5）保洁作业过程中扬尘明显，扣 5 分。

# 第6章
# 小型道路保洁机具的适用
# 范围与基本原理

## 第1节  小型电动机具的概念及适用范围

### 学习目标

● 了解小型道路保洁机具的适用范围

### 知识要求

**一、小型电动机具的概念及适用范围**

**1. 小型电动机具的概念**

绿化市容小型电动作业机具（含小型专用底盘吸扫车）是指未列入国家《车辆生产企业及产品公告》管理范围，以电动力装置驱动，最高行驶速度低于 20 km/h，在道路、广场、街道等绿化市容作业区域内进行专项作业的小型轮式作业机具。

### 2. 小型电动机具的适用范围

（1）主要适用于非机动车道、人行道、公共广场（公共绿带）及居住小区的道路清扫保洁和冲洗。

（2）适用于道路公共广场（公共绿带）等区域所设置的废物箱的生活垃圾收集和居住小区内垃圾箱（房、桶）的生活垃圾收集。

### 二、对操作电动机具的强制性要求

1. 应符合限速的技术规范要求，行驶速度必须低于 20 km/h。

2. 不得在交通主干道行驶、作业，只能在规定的范围内从事作业服务。

3. 只能用于规定的作业服务，严禁用作载人和其他货物的运输。

4. 禁止加装其他动力装置或载人运物设备。

5. 必须具备"三证"，即产品合格证、岗位资格证（驾驶四轮电动机具必须具有中华人民共和国机动车驾驶证 C2 资格）、行驶证，并在购置"第三方责任者保险"后方能运作。

# 第 2 节　电动机具的类别和功能

## 学习目标

● 了解小型道路保洁机具的类别和功能

## 知识要求

### 一、电动机具的类别

绿化市容电动机具按照不同功能划分为两大类别：一是电动保

洁机具，如电动快速保洁车、电动挂桶保洁车、电动小型清洗机车、电动高压冲洗车、电动清扫车、电动吸吹保洁车、三合一电动环卫车等；二是电动短驳机具，如电动三轮清运车、电动四轮清运车、电动便捷清运车、电动四轮六桶车、电动四轮八桶车等，如图6—1所示。

电动快速保洁车

电动挂桶保洁车

电动保洁车

电动三轮清运车

电动四轮清运车

电动四轮六桶车

电动四轮八桶车

三合一电动环卫车

电动高压冲洗车

电动消杀车

电动清扫车

电动挂桶车

图6—1　电动机具的类型

　　电动机具按电池类型可分为铅酸蓄电池电动车、镍氢电池电动车、锂电池电动车、氢燃料电池电动车。

　　电动机具按骑行方式可分为助力型电动车、纯电动车、半助力型电动车、混合动力电动车。

## 二、电动机具的功能

根据绿化市容电动机具的类别，其主要功能和作用有以下两种：

### 1. 电动保洁机具

电动保洁机具如电动快速保洁车主要用于市容环境的保洁与巡视，对道路上的漂浮物、袋装垃圾及废物箱外溢垃圾的拾取收集，以代替传统的人力三轮车、手推车等简陋作业工具，有效提高作业的效率。电动小型清洗机车主要用于道路两侧沟底、道路隔离障及路面垃圾、尘泥的冲洗。

### 2. 电动短驳设备

电动短驳设备主要是将小区内垃圾桶驳运至压缩站或定点收集处作统一处置，不但可以解决短途运输的问题，而且也可以从根本上解决大型环卫车辆作业扰民和居民小区作业不便的问题。

# 第3节 电动机具的构造及基本原理

## 学习目标

● 掌握小型道路保洁机具的主要结构与基本原理

## 知识要求

## 一、电动机具的构造

### 1. 主要构成

电动机具的主要组成部件有电机、驱动控制器、专用蓄电池、全自动智能充电器等，由主要系统和辅助系统构成，如图 6—2 所示。

电动挂桶保洁车

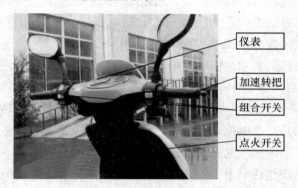

快速电动保洁车

图 6—2　电动机具主要构造

（1）主要系统由加速器、换向开关、控制器、电机、电池、充电器、动力单元等构成。

（2）辅助系统由转换器、仪表、大灯、转向灯、刹车灯、喇叭、闪光器、蜗牛灯、警灯等单元构成。

### 2. 主要构件

（1）加速器。采用电阻式加速器 $0 \sim 5$ kΩ，输出信号是 $0 \sim 5$ V。加速方式与滑动变阻原理基本相同，踏板旋转角度越大，输出电阻值越高。复位状态时加速器输出电阻不得高于 500 Ω。内部的微动开关（接通 48 V）控制主接触器的通断。

（2）控制器。利用 MOS 管做直流快速开关，以脉宽调制的方式把平直的直流电变成脉冲宽度可调的直流电，以改变电动机的平均端电压来实现调速。

（3）电机

1）采用串励直流电机，其主要机械特性如下：

①具有较软的机械特性，能适应"轻载高速""重载低速"。

②具有较大的启动能力和过载能力。

电流过载倍数大会使换向器与电刷的工作恶化，造成换向火花，缩短换向器和电刷的使用寿命。过载电流一般限制在额定电流的 $2 \sim 3$ 倍（限 1 min）。电机长时间工作电流应小于额定电流。

2）正反转控制。改变电机的转向是通过改变电磁转矩的方向来实现的。改变电枢电流的流动方向或者改变励磁磁通的方向，都可以改变电磁转矩的方向。通常是利用直流换向接触器，将电枢绕组或励磁绕组进行正、反换接的方式来实现串励电机的正反转控制。

## 二、电动机具的基本原理和特性

### 1. 电动机具的工作原理

（1）行走。通过充电器将电网的电能转换为电池的化学能。电池的化学能由控制系统按电子油门输入的信号通过电机转换为机械能，驱动电动机具行走。

（2）货物升降。通过控制按钮输入的信号，电池的化学能通过动力单元电机转化为旋转机械能，带动齿轮油泵输出高压液压油输入到执行油缸，执行油缸通过机械机构使尾板上升或者关门，达到货物提升和关门目的。开门通过双向止回阀控制油缸内部的压力弹簧弹力，使液压油回到油箱自动打开。下降是通过双向止回阀控制尾板自身的重力，使油缸内部的液压油回到油箱，达到下降目的。

### 2. 电动机具的基本特性

（1）电动机具使用清洁的电能，操作使用过程中无尾气排放，能量使用成本低。

（2）电动机具使用铅酸铅电池为能量载体，电池使用寿命终止可回收处理后重新制造使用，在使用环节不会给环境造成污染。

（3）电动机具使用直流电机驱动，运行噪声低，不会使噪声扰民；可以快速启动，无延时，全天可工作，不需要预热等环节；结构简单，维护使用成本低。

（4）电动机具控制系统采用固态设计，使用过程无机械磨损，无须维护，可长时间工作，稳定可靠。

# 理论知识复习题

**一、判断题（将判断结果填入括号中。正确的填"√"，错误的填"×"）**

1. 小型电动机具按骑行方式可分为助力型电动车和纯电动车两种。　　　　　　　　　　　　　　　　　　（　　）

2. 小型电动机具的功能主要是保洁和短驳。　　　（　　）

3. 小型电动机具由主要系统和辅助系统构成。　　（　　）

4. 小型电动机具主要系统由加速器、换向开关、控制器、电机、电池、充电器、动力单元等构成。　　　　　（　　）

5. 转换器属于小型电动机具的辅助系统。　　　　　（　　）

6. 小型电动机具的加速器采用电阻式加速器 0～5 kΩ，输出信号是 0～5 V。　　　　　（　　）

7. 小型电动机具的控制器利用 MOS 管做直流快速开关。
　　　　　　　　　　　　　　　　　　　　　　　（　　）

8. 小型电动机具的电机采用永磁直流电机。　　　　（　　）

9. 小型电动机具通过电机转化为电能，驱动行走。　（　　）

10. 小型电动机具在使用环节不会造成环境污染。　　（　　）

**二、单项选择题（选择一个正确的答案，将相应的字母填入题内的括号中）**

1. 以下属于电动保洁机具的是（　　　）。
　　A. 电动三轮清运车　　　　　　B. 电动小型清洗机车
　　C. 电动四轮六桶车　　　　　　D. 电动四轮八桶车

2. 以下属于电动短驳机具的是（　　　）。
　　A. 电动三轮清运车　　　　　　B. 电动小型清洗机车
　　C. 电动快速保洁车　　　　　　D. 电动清扫车

3. 按电池类型，可将小型电动机具分为（　　　）。
　　A. 铅酸蓄电池电动车、镍氢蓄电池电动车
　　B. 铅酸蓄电池电动车、镍氢蓄电池电动车、锂电池电动车
　　C. 铅酸蓄电池电动车、镍氢蓄电池电动车、锂电池电动车、
　　　　氢燃料电池电动车
　　D. 铅酸蓄电池电动车、镍氢蓄电池电动车、锂电池电动车、
　　　　混合动力电动车

4. 用于市容环境的保洁与巡视的是（　　　）。
　　A. 电动三轮清运车
　　B. 电动小型清洗机车
　　C. 电动快速保洁车

    D. 电动清扫车

5. 关于电动短驳机具，错误的是（　　　）。

    A. 解决了短途运输问题

    B. 解决大型环卫车辆的作业扰民问题

    C. 解决了小区内不便作业的问题

    D. 解决快速保洁的问题

6. 以下不是小型电动机具主要组成部件的是（　　　）。

    A. 电机　　　　　　　　　　B. 驱动控制器

    C. 工具箱　　　　　　　　　D. 专用蓄电池

7. （　　　）是小型电动机具的主要系统之一。

    A. 转换器　　　　　　　　　B. 加速器

    C. 闪光器　　　　　　　　　D. 仪表

8. 以下属于小型电动机具的主要系统的是（　　　）。

    A. 转换器　　　　　　　　　B. 转向灯

    C. 控制器　　　　　　　　　D. 仪表

9. 以下属于小型电动机具的辅助系统的是（　　　）。

    A. 转换器　　　　　　　　　B. 加速器

    C. 控制器　　　　　　　　　D. 充电器

10. （　　　）不是小型电动机具的主要系统之一。

    A. 加速器　　　　　　　　　B. 闪光器

    C. 控制器　　　　　　　　　D. 充电器

11. 小型电动机具的加速器复位状态时，输出电阻不得（　　　）。

    A. 高于 5 000 Ω　　　　　　B. 低于 5 000 Ω

    C. 高于 500 Ω　　　　　　　D. 低于 500 Ω

12. 小型电动机具的控制器利用（　　　）管做直流快速开关。

    A. MSO　　　　　　　　　　B. MOS

C. SOM           D. SMO

13. 小型电动机具的电机采用（    ）直流电机。

     A. 他励             B. 并励

     C. 串励             D. 复励

14. 小型电动机具的电机过载电流限制在额定电流的（      ）倍。

     A. 1～2             B. 2

     C. 2～3             D. 3

15. 小型电动机具通过电机转化为（     ），驱动行走。

     A. 电能             B. 机械能

     C. 化学能           D. 原子能

16. 小型电动机具货物升降是通过（     ）转化为旋转机械能。

     A. 动力单元电机       B. 转换器

     C. 转向开关         D. 控制器

17. 关于小型电动机具的基本特性，正确的是（     ）。

     A. 有尾气排放

     B. 能量使用成本高

     C. 运行噪声高

     D. 控制系统采用固态设计，使用过程无机械磨损

18. 小型电动机具的主要组成部件有（     ）。

     A. 电机、工具箱、专用蓄电池、全自动智能充电器等

     B. 电机、驱动控制器、专用蓄电池、全自动智能充电器等

     C. 工具箱、驱动控制器、专用蓄电池、全自动智能充电器等

     D. 电机、驱动控制器、专用蓄电池、工具箱等

19. 小型电动机具的（     ）利用 MOS 管作直流快速开关。

A. 加速器　　　　　　　　　B. 闪光器

C. 控制器　　　　　　　　　D. 充电器

20. 关于小型电动机具的基本特性，错误的是（　　）。

A. 无尾气排放

B. 能量使用成本低

C. 运行噪声高

D. 控制系统固态设计，使用过程无机械磨损

21. 主要用于道路两侧沟底、道路隔离障以及路面垃圾尘泥冲洗的是（　　）。

A. 电动三轮清运车　　　　　B. 电动小型清洗机车

C. 电动快速保洁车　　　　　D. 电动清扫车

 理论知识复习题答案

**一、判断题**

1. ×　　2. √　　3. √　　4. √　　5. √　　6. √　　7. √　　8. ×

9. ×　　10. √

**二、单项选择题**

1. B　　2. A　　3. C　　4. C　　5. D　　6. C　　7. B　　8. C

9. A　　10. B　　11. C　　12. B　　13. C　　14. C　　15. B　　16. A

17. D　　18. B　　19. C　　20. C　　21. B

# 第7章
## 小型道路保洁机具操作规范及维护保养

## 第1节　小型道路保洁机具操作规范

### 学习目标

● 熟悉和掌握小型道路保洁机具操作规范和要求

### 知识要求

### 一、小型道路保洁机具操作规范

#### 1. 启动前的准备

（1）轮胎检查

1）轮胎有无龟裂、异常磨损。

2）轮胎内是否有钉子、石块、玻璃嵌入。

3）轮胎槽纹的深度、轮胎上的凸块已磨损掉 2/3 时，应更换新轮胎。

4）检查轮胎气压是否合适，过高容易爆胎，过低则行驶阻力大，影响行驶里程和使用寿命。

（2）灯光装置和转向指示器检查

1）接通电源，操作照明开关，查看前灯、尾灯和工作警示灯。

2）分别检查前、后制动刹把。

3）操作转向开关，查看转向指示灯。

4）查看灯光装置有无损伤。

（3）后视镜映像检查

1）坐在驾驶座的位置上，查看后视镜能否看清后方及侧面的情况。

2）检查后视镜表面有无污垢及损坏。

（4）反光器的检查

1）检查反光器有无污垢及损坏。

2）检查反光胶带有无污垢及脱落。

（5）车把的检查

1）上下、前后、左右摆动车把，查看有无松动现象。

2）检查手把是否有碰击现象。

（6）刹车检查

1）检查刹车是否灵敏，有无偏刹或抱死现象。

2）检查手刹是否可以在坡度上驻车。

（7）电机、油门踏板检查

1）检查雨刷电机是否工作正常

2）检查电池的电量是否充足，严禁电量不足时使用。

3）检查加速油门踏板转动是否灵活，有无卡滞现象。

**2. 操作步骤**

（1）启动

1）把挡位开关放在空挡上。

2）插入点火开关，顺时针旋转。

3）踩住刹车踏板，把挡位放入所需方向上。

4）看清周围情况，松开手刹，再松开脚刹，双手放在方向盘上，轻踩加速油门踏板。

（2）制动器的使用

1）将调速转把回位后，握紧刹车握把。

2）刹车时缓慢制动，然后拉紧，这种做法最理想。

3）不可经常急刹车、猛转向。

4）刹车时应先使用后制动器，再使用前制动器。

（3）停车

1）看清周围情况，发出转向信号。

2）松开加速油门踏板，接近停靠地点，提前轻踩制动踏板，慢慢停靠。

3）拉紧手刹，把挡位开关放入空挡，关闭转向信号。

4）关闭点火开关，拿走点火钥匙，防止他人误操作。

5）松开制动踏板，确保车辆在坡度上不会溜坡。

（4）驾驶注意事项

1）保持自然姿势，方能驾驶自如。

2）在路面不好的情况下，减速行驶，注意观察。

3）在雨雪天，路面潮湿容易侧滑，要集中精力，随时准备提前制动。

4）清洗车辆或水中行驶后要特别注意制动器的工作情况，制动效果可能降低，这时应慢速行驶，注意安全，轻轻制动直到恢复正常状态。

5）在大雨、暴雨天气，路面积水超过电机外边缘最低位置时，不能在水中骑行，避免电机、后制动器可能出现的性能故障。

## 二、小型道路保洁机具操作要求

1. 绿化市容电动机具作业人员必须持有上岗证，上岗前应规范着装，正确配带安全反光背心和工作号牌。

2. 新操作人员必须进行培训，合格后才能操作，严禁不合格人员操作。

3. 严格做好作业前的车况检查，对有异常状况的车辆，应及时排故检修，待确认车况完好后方可投入作业，对于一时难以排故的车辆应停止使用并及时上报，统一安排检修。

4. 严格遵守道路交通法规，遵照交通信号标识行车，听从交通警察指挥，严禁闯红灯。

5. 在交叉路口、盲区或人群密集型道路上行驶，应减速慢行。

6. 操作人员作业时，应将车速控制在作业安全车速以内，严禁高速行驶及强行超车。

7. 严格做到"发出信号、提前制动、减速慢行、停车作业"。

8. 在作业过程中，发现目标时，应先发出信号，提前制动，缓慢接近停车点。停车后，应关闭转向灯开关，锁住驻刹，随后拾取目标废物。

9. 电动机具在行驶中，严禁操作尾板。无线遥控器应妥善保管，防止有人误操作，以免发生意外。

10. 升降尾板工作时，工作人员应仔细观察周围情况，避免行人靠近，防止货物滑落或尾板下降伤人，造成伤害。

11. 酒后禁止操作电动机具。

12. 禁止电动机具在有故障的情况下工作。

13. 严格做好作业后的车辆例保工作，对车辆再度进行车况检查，清洗保洁和为蓄电池充电。对有异常状况的车辆，应及时排故或上报主管部门。

14. 按要求认真、据实填写用车日志。

# 第 2 节　小型道路保洁机具维护保养

## 📖 学习目标

● 了解与掌握小型道路保洁机具维护的相关知识

## ✏️ 知识要求

### 一、蓄电池的维护保养

1. 电池的表面、连接线及螺栓应保持长期清洁和干燥。（加液型电池若表面有电解液应用干净棉纱擦去，再用清水冲洗并擦干。在清洗过程中，严禁自来水进入电池内部，以免漏电和增大自放电，导致电动机具运行出现故障。）

2. 电池的连接必须保持良好。经常检查电池连接线各螺母有无松动，以免引起火花或烧坏极柱。

3. 电池上不许放置杂物，不允许电池正负极相连，以免造成短路而损坏电池。

4. 电动机具使用后，必须当天充电，不允许隔天充电或超过 24 小时充电。

5. 加液型电池在使用过程中，应经常检查电池液面，及时加注电解液（一般只要添加蒸馏水即可）。加注电解液只需漫过电池极板即可，不宜过多。

6. 加液型电池内不准落入任何杂质。加注电解液所用器具应保持清洁，以免将杂质带入电池内部。

7. 操作人员在使用过程中，应随时观察电量表指示，以免亏电严重，电动机具不能及时返回充电。

8. 对于附带维护电池功能的加液型充电器，电池在使用中，每月应进行一次电池维护。若车辆长时间不使用，应将电池充满电后存放，并且每半个月要充电一次，充到充电机自动关闭为止。

9. 电动机具宜停放在通风环境中充电，严禁明火接近电瓶。

10. 使用车辆专配的充电机给电池充电，不能混用，以免造成电池的过充和欠充。

## 二、充电机的使用方法及注意事项

1. 将充电机输出端插头与电池连接，确保接头接插良好。

2. 连接 220 V 输入电源（需接地线），打开电源开关，充电机会自动工作，充电结束后自动关机。

3. 充电时严禁移动、打开机箱。非电气工作人员严禁打开机箱。

4. 应放在安全、通风、无尘、无雨淋的工作环境。

5. 长时间不使用时，应包装存放。

6. 充电过程中，若出现电网电压过高或过低，即电压范围超过 180～260 V，充电机自动进行保护。当电压降到正常范围内，充电机会自动恢复充电。

7. 充电器上带有"均衡充电"和"正常充电"的选择开关，此选择开关为电池维护功能开关。在进行日常的电池充电时，此开关处于"正常充电"挡位上；当每月需要对电池进行维护时，应将选择开关拨至"均衡充电"挡位上；电池维护结束后，应将开关拨至"正常充电"挡位上。

8. 不应随电动机具携带充电机。

9. 因充电机在出厂时和电池是严格匹配的，不能混用。

### 三、升降系统的保养

1. 经常检查油管各接头及油缸是否渗油或滴油，及时紧固更换。严禁在无油、缺油情况下，启动液压动力单元。

2. 系统使用第一个 100 h 后，应更换液压油，以后每 3 000 h 更换液压油一次。

3. 若发现液压动力单元运转时有异音，应停止使用，排除故障后再使用。

4. 油管有损伤和破坏时做到及时更换。

5. 尾板使用一段时间以后，需要对尾板上的各个螺栓进行检查，查看有无松动或缺损，做到及时紧固和更换。

6. 尾板各翻转连接处装有加油嘴，用于灌加润滑油脂。尾板使用一段时间后，若发现尾板在翻转时，有"咯吱、咯吱"的响声，应及时使用黄油枪，加注润滑油脂。

### 四、相关附件的故障排除

相关附件的故障排除见表7—1。

表 7—1　　　　　　　　相关附件的故障排除

| 故障现象 | 故障原因 | 排除方法 |
|---|---|---|
| 仪表指示灯不亮，电机无法转动 | 1. 整车没电 | |
| | 电池盒电极或电池座电极因氧化、污垢接触不良 | 清除氧化层、污物，使其接触良好 |
| | 电池盒断路器断开或接头接触不良 | 打开开关，上紧螺栓 |
| | 电池盒与控制器的接头螺钉松动，接触不良 | 重新上紧螺栓 |
| | 2. 控制器至电机间无电压 | |
| | 控制器内部短路 | 更换控制器 |

续表

| 故障现象 | 故障原因 | 排除方法 |
|---|---|---|
| 仪表指示灯不亮，电机无法转动 | 调速转把有故障 | 检修，如损坏需更换 |
| | 调速转把引线折断 | 重新接好 |
| | 调速转把与控制器间的引线接错 | 重新连接正确 |
| | 断电刹有故障 | 检修，如损坏需更换 |
| | 霍尔无 5 V 工作电压 | 更换控制器 |
| | 电机绕组烧坏、短路 | 更换电机 |
| 打开电源开关，车辆即失控飞车。 | 1. 调速转把损坏，控制信号电压位于最大值 | 检修或更换调速转把 |
| | 2. 控制器内的 MOS 管击穿 | 更换控制器 |
| 驾车时，时走时停。 | 1. 电池故障 | |
| | 电池处于欠压临界状态 | 充电 |
| | 电池接头接触不良 | 检修 |
| | 电池盒上的断路器接触不良 | 检修或更换 |
| | 2. 电门锁接触不良 | 检修或更换 |
| | 3. 调速转把电压不能调变或存在接触不良故障 | 检修或更换 |
| | 4. 接插件接触不良 | 检查，接插牢固 |
| | 5. 控制器有故障 | 更换 |
| | 6. 电机有问题 | 更换 |
| 车辆速度比以前慢 | 1. 调速转把有故障 | 检修或更换 |
| | 2. 电池电压不足 | 充电 |
| | 3. 限速线未拔 | 断开限速开关 |
| | 4. 控制器故障 | 更换 |
| | 5. 电机故障 | 更换 |

续表

| 故障现象 | 故障原因 | 排除方法 |
|---|---|---|
| 打开电源开关，仪表正常显示，但车辆无法行驶 | 1. 电气线路接触不良 | 重新连接好 |
| | 2. 调速转把线松动或损坏 | 重新固牢或更换 |
| | 3. 刹把未复位 | 将刹把回位 |
| | 4. 控制器故障 | 更换 |
| | 5. 电机故障 | 更换 |
| 电池充不进电或充电不足 | 1. 电池寿命终结 | 更换电池 |
| | 2. 电池盒上的断路器关掉 | 打开断路器 |
| | 3. 断路器接头接触不良 | 拧紧螺栓 |
| | 4. 充电器无输出 | 更换 |
| | 5. 充电器输出电压过低 | 更换 |
| | 6. 充电插口接线松动或脱落 | 接好插头 |

# 理论知识复习题

**一、判断题（将判断结果填入括号中。正确的填"√"，错误的填"×"）**

1. 轮胎气压过高时，高速行驶不会爆胎。　　　　　　（　　）

2. 查看前灯、尾灯是否发亮，属于灯光装置的检查内容。

（　　）

3. 后视镜的映像检查要求之一是坐在驾驶鞍座的位置上看后视镜能否看清后方及侧面的情况。　　　　（　　）

4. 检查反光胶带有无污垢及脱落是反光器的检查要求之一。

（　　）

5. 手把是否有碰击现象不属于车把检查的要求。　（　　）

6. 刹车时应先使用前制动器，再使用后制动器。　（　　）

7. 雨刷电机是否工作正常属于电机的检查。　　　　　　（　　　）

8. 加液型蓄电池在使用过程中，应经常检查电池液面，及时加注电解液。　　　　　　　　　　　　　　　　　　　　　（　　　）

9. 使用小型电动机具专配的充电机给电池充电，不能混用其他充电机。　　　　　　　　　　　　　　　　　　　　　　　（　　　）

10. 充电时，连接 220 V 输入电源，打开电源开关，充电机自动工作，充电结束后要手动关机。　　　　　　　　　　　　（　　　）

11. 充电机在出厂时，和电池虽是严格匹配的，但可以混用。

　　　　　　　　　　　　　　　　　　　　　　　　　　　（　　　）

12. 经常检查升降系统油管各接头及油缸是否渗油或滴油，及时紧固更换。　　　　　　　　　　　　　　　　　　　　　（　　　）

13. 电池处于欠压临界状态会导致驾车时时走时停。　（　　　）

14. 车辆启动时，插入点火开关，逆时针旋转。　　　（　　　）

15. 车辆停车要关闭点火开关，拿走点火钥匙，防止他人误操作。　　　　　　　　　　　　　　　　　　　　　　　　　　（　　　）

16. 在雨雪天，路面潮湿容易侧滑，要集中精力，随时准备提前制动。　　　　　　　　　　　　　　　　　　　　　　　（　　　）

17. 小型电动机具在行驶中，可以操作尾板。　　　　（　　　）

18. 链条的调整时，先松开后轮轴螺母，向左或向右转动调正螺母来校正链条的松弛度。　　　　　　　　　　　　　　　（　　　）

19. 刹车时，应先使用前制动器，再使用后制动器。　（　　　）

**二、单项选择题（选择一个正确的答案，将相应的字母填入题内的括号中）**

1. 关于轮胎检查的要求，以下不正确的是（　　　）。

　　A. 检查轮胎有无龟裂、异常磨损

　　B. 轮胎气压是否合适

　　C. 轮胎内是否有钉子、石块、玻璃嵌入

D. 轮胎槽纹的深度、轮胎上的凸块已磨损掉 1/3 时，要更换新轮胎

2. 轮胎槽纹的深度、轮胎上的凸块已磨损掉（　　）时，要更换新轮胎。

A. 1/3　　　　　　　　　　　B. 2/3

C. 1/4　　　　　　　　　　　D. 1/2

3. 查看灯光装置是否有损伤属于（　　）的检查。

A. 反光器

B. 后视镜映像

C. 电机

D. 灯光装置和转向指示器

4. 检查前、后制动刹把属于（　　）的检查。

A. 车把

B. 刹车

C. 电机

D. 灯光装置和转向指示器

5. 对后视镜映像进行检查时，坐在驾驶鞍座的位置上看后视镜，查看能否看清（　　）的情况。

A. 后方　　　　　　　　　　B. 右侧

C. 后方及侧面　　　　　　　D. 左侧

6. 检查后视镜表面有无污垢及损坏属于（　　）的检查。

A. 反光器　　　　　　　　　B. 后视镜映像

C. 车把　　　　　　　　　　D. 转向指示器

7. 检查反光胶带有无污垢及脱落属于（　　）的检查。

A. 后视镜映像　　　　　　　B. 灯光装置

C. 反光胶带　　　　　　　　D. 反光器

8. 反光器的检查要求不包括（　　）。

A. 后视镜表面有无污垢　　B. 反光器有无污垢

C. 反光器有无损坏　　D. 反光胶带有无污垢

9. 检查有无松动现象应当（　　）。

A. 上、下摆动车把

B. 上下、前后、左右摆动车把

C. 前、后摆动车把

D. 左、右摆动车把

10. 车把检查要求正确的是（　　）。

A. 检查车把有无松动和碰击现象

B. 检查车把有无松动

C. 手把是否有碰击现象

D. 左右摆动车把

11. 刹车存在问题的是（　　）。

A. 刹车灵敏　　B. 无偏刹

C. 有抱死现象　　D. 可在坡道上驻车

12. 不属于刹车检查要求的是（　　）。

A. 刹车是否灵敏

B. 有无偏刹或抱死现象

C. 检查前、后制动刹把，查看是否断电

D. 手刹是否可在坡道上驻车

13. 加液型蓄电池加注电解液正确的是（　　）。

A. 液面只需漫过电池极板

B. 液面低于电池极板

C. 多多益善

D. 液面远离电池极板

14. 以下关于小型电动机具蓄电池，说法错误的是（　　）。

A. 在使用过程中，应经常检查电池液面，及时加注电

解液

  B. 加液型蓄电池内不准落入任何杂质

  C. 加液型蓄电池加注电解液，一般只要添加蒸馏水即可

  D. 密封式蓄电池同样需要补充蓄电池液

 15. 关于蓄电池的维护与保养，以下错误的是（  ）。

  A. 电池的表面、连接线及螺栓应保持长期清洁和干燥

  B. 电池上不允许放置杂物

  C. 小型电动机具使用后，不允许隔天充电或超过 24 小时
   充电

  D. 小型电动机具宜放在密闭环境下充电

 16. 若小型电动机具长时间不使用，应将电池充满电后存放，
并且每（  ）要充电一次。

  A. 周        B. 半个月

  C.1 个月       D.2 个月

 17. 小型电动机具宜放在（  ）环境下充电。

  A. 密闭       B. 半封闭

  C. 通风       D. 潮湿

 18. 电池正负极（  ）相连，以免造成短路，损坏电池。

  A. 可以       B. 必须

  C. 应该       D. 不允许

 19. 充电时，应将充电机（  ）连接，确保接头接插良好。

  A. 输出端插头与电池

  B. 输入端插头与电池

  C. 输出端插头与电源

  D. 输入端插头与输出端插头

 20. 关于充电机的使用，以下错误的是（  ）。

  A. 将充电机输出端插头与电池连接进行充电

B. 连接 220 V 输入电源进行充电

　　C. 充电时，电压过高或过低，充电机不会自动进行保护

　　D. 充电结束后充电机自动关机

21. 充电时，（　　）移动、打开充电机的机箱。

　　A. 允许　　　　　　　　　　B. 应该

　　C. 可以　　　　　　　　　　D. 严禁

22. 关于充电机的注意事项，以下说法错误的是（　　）。

　　A. 充电机长时间不用时，应包装存放

　　B. 充电时，严禁移动、打开充电机的机箱

　　C. 必须随小型电动机具携带充电机

　　D. 充电机和电池是严格匹配的，不能混用

23. 升降系统使用第一个 100 h 后，应更换液压油，以后每（　　）h 更换一次液压油。

　　A. 3 000　　　　　　　　　　B. 4 000

　　C. 5 000　　　　　　　　　　D. 6 000

24. 升降系统尾板各翻转连接处装有（　　），用于灌加润滑油脂。

　　A. 油管　　　　　　　　　　B. 螺栓

　　C. 加油嘴　　　　　　　　　D. 油阀

25. 造成车辆速度比以前慢的故障原因错误的是（　　）。

　　A. 调速转把有故障　　　　　B. 整车没电

　　C. 限速线未拔　　　　　　　D. 控制器故障

26. 驾车时，造成时走时停的故障原因错误的是（　　）。

　　A. 电池故障　　　　　　　　B. 电机问题

　　C. 限速线未拔　　　　　　　D. 控制器故障

27. 插入点火开关，顺时针旋转，是（　　）的操作步骤之一。

A. 启动             B. 制动器

C. 停车             D. 倒车

28. 小型电动机具制动器使用错误的是（     ）。

    A. 将调速转把回位后，握紧刹车握把

    B. 缓慢制动，然后拉紧

    C. 不可经常急刹车

    D. 应先使用前制动器，再使用后制动器

29. 在路面不好的情况下，（     ）行驶，注意观察。

    A. 加速             B. 减速

    C. 正常             D. 暂停

30. 在大雨、暴雨天气，路面积水超过电机外边缘（     ）位置时，不能在水中骑行。

    A. 最高             B. 1/2

    C. 1/3             D. 最低

31. 在交叉路口、视线盲区或人群密集型道路上行驶，应（     ）。

    A. 减速慢行          B. 快速通过

    C. 正常通行          D. 熄火停车

32. 刹车的自由间隙，规定的范围是（     ）mm。

    A. 5～10             B. 10～15

    C. 15～20           D. 25～30

33. 通常新车在行驶路程达到（     ）km 时，应进行第一次检查和保养。

    A. 200             B. 300

    C. 400             D. 500

34. 链条的调整后，两个链轮中心的最大允许间隙是（     ）mm。

A. 1                          B. 5

C. 10                         D. 15

35. 关于链条调整,以下不正确的是 (      )。

   A. 在调正链条的同时也必须保持前后链轮对准,成为直线

   B. 向左或向右转动调正螺母来校正链条的松弛度

   C. 行驶前不必检查链条的松紧度

   D. 链条过松,会引起链条脱链现象,或造成严重损伤

36. 小型电动机具制动器使用正确的是 (      )。

   A. 调速转未回位,就应握紧刹车握把

   B. 快速制动,然后拉紧

   C. 不可经常急刹车

   D. 应先使用前制动器,再使用后制动器

37. 电动快速保洁车停靠路边时,右侧车轮一般离沟底 (      ) cm。

   A. 20                        B. 15

   C. 10                        D. 5

38. 小型电动机具应将车速控制在 (      ) 以内,严禁高速行驶,强行超车。

   A. 安全车速                   B. 50 km/h

   C. 80 km/h                   D. 100 km/h

 理论知识复习题答案

**一、判断题**

1. ✕   2. ✓   3. ✓   4. ✓   5. ✕   6. ✕   7. ✓   8. ✓

9. √　　10. ×　　11. ×　　12. √　　13. √　　14. ×　　15. √　　16. √

17. ×　　18. √　　19. ×

## 二、单项选择题

1. D　　2. B　　3. D　　4. D　　5. C　　6. B　　7. D　　8. A

9. B　　10. A　　11. C　　12. C　　13. A　　14. D　　15. D　　16. B

17. C　　18. D　　19. A　　20. C　　21. D　　22. C　　23. A　　24. C

25. B　　26. C　　27. A　　28. D　　29. B　　30. D　　31. A　　32. B

33. B　　34. D　　35. C　　36. C　　37. C　　38. A

 操作技能复习题

一、小型电动机具（四轮）的日常检查和简单维护（考核时间：5 min)

### 1. 试题单

（1）操作条件

小型电动机具（四轮）一辆。

（2）操作内容

起动前的车辆检查。

（3）操作要求

1）检查内容完整、方法正确。

2）在规定时间内完成。

### 2. 评分标准

（1）检查内容完整。检查遗漏，每项扣 10 分。

（2）检查方法正确。轮胎、转向装置和转向指示器、刹车、电机、油门踏板的检查方法不正确，每项扣 6 分；车把、后视镜映像、反光器的检查方法不正确，每项扣 3 分。

（3）未在规定时间内完成，扣4分。

**二、小型电动机具蓄电池的加液和充电（考核时间：5 min）**

## 1. 试题单

（1）操作条件

1）小型电动机具（四轮）一辆。

2）充电设施1处。

3）加液型蓄电池一个、电解液一瓶。

（2）操作内容

1）蓄电池的加液。

2）蓄电池的充电。

（3）操作要求

1）正确对蓄电池进行加液和充电。

2）在规定时间内完成。

## 2. 评分标准

（1）蓄电池的加液不正确，扣8分。

（2）蓄电池的充电不正确，扣8分。

**三、直线、弯道行驶、中途停车捡物（考核时间：5 min）**

## 1. 试题单

（1）操作条件

1）平整场地，并按图1设置场地。

2）小型电动机具（三轮）一辆。

3）垃圾捡拾夹一把。

（2）操作内容

1）按指示方向行驶。

2）捡中途物。

（3）操作要求

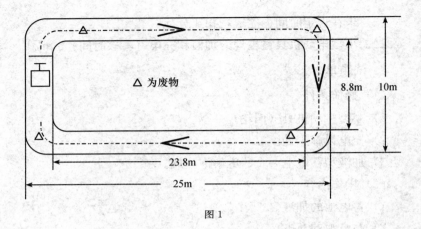

图 1

1）严格按照操作程序起动小型电动机具，姿势端正。

2）起步平稳。

3）行驶速度平稳。

4）转弯角度和车速控制良好。

5）制动、停车过程平稳。

6）定点停车，车头不应超出桩标线或者不足桩标线 20 cm。

7）四个弯点停车准确，及时拣物入箱。

8）中途捡物时，垃圾不得二次落地。

9）轮胎不得压线，否则操作技能鉴定为不合格。

10）在规定时间内完成。

11）同一扣分项目中，有两处以上（含两处）未达到要求的，操作技能鉴定为不合格。

## 2. 评分标准

（1）程序正确

1）姿势不端正，扣 5 分。

2）启动操作程序不正确，扣 5 分。

3）停车操作程序不正确，扣 5 分。

（2）技术熟练

1）起步不平稳，扣 5 分。

2）行驶速度不平稳，扣 10 分。

3）中途停顿，扣 10 分。

4）制动不平稳，扣 5 分。

5）转弯角度和车速控制不当，扣 5 分。

6）四个弯点停车不准确，扣 5 分。

7）定点停车准确，车头超出桩标线或者不足桩标线 20 cm，扣 10 分。

8）未在规定时间内完成，扣 15 分。

（3）出现以下情况，实行一票否决，操作技能鉴定为不合格

1）轮胎压线。

2）在同一扣分项目中，有两处以上（含两处）未达到标准要求而扣分的。

**四、左右行驶倒入车库（考核时间：5 min）**

**1. 试题单**

（1）操作条件

1）平整场地，并按图 2 设置场地，摆放标桩

标桩尺寸：1—2、2—3、4—5、5—6 为一车宽加 80 cm；1—4、2—5、3—6 为两车长。7—9、8—10 为四车长；7—8、9—10 为一车半长。

2）小型电动机具（四轮）一辆

（2）操作内容

按指示方向行驶。

（3）操作要求

1）严格按照规定路线行驶。

2）小型电动机具不能碰桩、出线，否则操作技能鉴定为不合

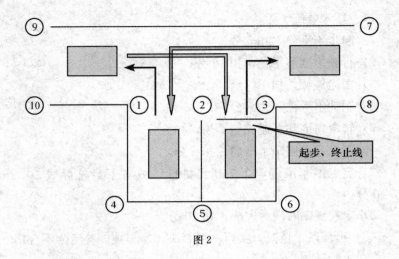

图 2

格。

3）行驶中轮胎不能触碰库位和车道线，否则操作技能鉴定为不合格。

4）行驶过程中途不能停顿。

5）入库后机身位置必须摆正。

6）在规定时间内完成。

7）在同一扣分项目中，有两处以上（含两处）未达到标准要求的，操作技能鉴定为不合格。

## 2. 评分标准

（1）程序正确

1）姿势不端正，扣 5 分。

2）启动操作程序不正确，扣 5 分。

3）停车操作程序不正确，扣 5 分。

4）不按照规定路线行驶，扣 5 分。

（2）技术熟练

1）起步不平稳，扣 5 分。

2）行驶速度不平稳，扣 10 分。

3）中途停顿，扣 10 分。

4）制动不平稳，扣 5 分。

5）转弯角度和车速控制不当，扣 5 分。

6）入库后，车身未摆正，扣 5 分。

7）未在规定时间内完成，扣 15 分。

（3）出现以下情况，实行一票否决，操作技能鉴定为不合格：

1）小型电动机具碰桩、出线；行驶中轮胎触碰库位和车道线。

2）在同一扣分项目中，有两处以上（含两处）未达到标准要求而扣分的。

**五、道路综合行驶（一）（考核时间：10 min）**

**1. 试题单**

（1）操作条件

1）道路实况。

2）小型电动机具（四轮）一辆（道路人工冲洗车）。

（2）操作内容

1）听从指令，熟练行驶。

2）遵守交通规则，安全行车。

3）开启冲洗机。

（3）操作要求

1）严格按照驾驶操作程序操作。

2）遵守交通规则，听从考试员指令行车。

3）熟练驾驶小型电动机具（四轮）。

4）正确启动冲洗机。

5）在同一扣分项目中，有两处以上（含两处）未达到标准要求而扣分的，操作技能鉴定为不合格。

### 2. 评分标准

（1）程序正确

1）起步前未调正后视镜，未检查挡位或手制动器，扣10分。

2）姿势不端正，扣5分。

3）启动操作程序不正确，扣10分。

4）停车操作程序不正确，扣10分。

5）道路冲洗机启动不正确，扣10分。

（2）技术熟练

1）起步不平稳，扣10分。

2）行驶中方向不平稳，扣10分。

3）行驶速度不平稳，扣10分。

4）制动不平稳，扣10分。

5）未按照小型电动机具规定速度行驶，扣10分。

6）行驶中不正确使用各种灯光，扣10分。

7）转弯角度和车速控制不好，扣10分。

8）未按照考试员指令行车，扣10分。

9）发现危险情况，未提前预防，未及时采取措施，扣10分。

10）以指定停车标志为标准，未停在正确位置，扣10分。

11）停车时轮胎擦街沿，扣10分。

12）停车未拉手制动之前，车辆后溜，扣10分。

13）道路冲洗机启动不熟练，扣10分。

（3）遵守交通规则

1）未按交通信号或民警指挥信号行驶，扣20分。

2）争道抢行，扣20分。

3）未遵守路口行驶规定，扣20分。

4）未遵照交通标志行驶，扣20分。

5）未按规定避让人行横道中的行人，扣20分。

6）未遵守会车规则，扣 20 分。

## 六、道路综合行驶（二）（考核时间：10 min）

### 1. 试题单

（1）操作条件

1）道路实况。

2）小型电动机具（四轮）一辆（垃圾桶驳运车）。

（2）操作内容

1）听从指令，熟练行驶。

2）遵守交通规则，安全行车。

3）装载垃圾桶。

（3）操作要求

1）严格按照驾驶操作程序操作。

2）遵守交通规则，听从考试员指令行车。

3）熟练驾驶小型电动机。

4）按要求装载垃圾桶。

5）在同一扣分项目中，有两处以上（含两处）未达到标准要求的，操作技能鉴定为不合格。

### 2. 评分标准

（1）程序正确

1）起步前未调正后视镜，未检查挡位或手制动器，扣 10 分。

2）姿势不端正，扣 5 分。

3）启动操作程序不正确，扣 10 分。

4）停车操作程序不正确，扣 10 分。

（2）技术熟练

1）起步不平稳，扣 10 分。

2）行驶中方向不平稳，扣 10 分。

3）行驶速度不平稳，扣 10 分。

4）制动不平稳，扣 10 分。

5）未按照小型电动机具规定速度行驶，扣 10 分。

6）行驶中不正确使用各种灯光，扣 10 分。

7）转弯角度和车速控制不好，扣 10 分。

8）未按照考试员指令行车，扣 10 分。

9）发现危险情况，未提前预防，未及时采取措施，扣 10 分。

10）以指定停车标志为标准，未停在正确位置，扣 10 分。

11）停车时轮胎擦街沿，扣 10 分。

12）停车未拉手制动之前，车辆后溜，扣 10 分。

13）装载垃圾桶不熟练，扣 10 分。

14）装载垃圾桶，野蛮操作，扣 10 分。

（3）遵守交通规则

1）未按交通信号或民警指挥信号行驶，扣 20 分。

2）争道抢行，扣 20 分。

3）未遵守路口行驶规定，扣 20 分。

4）未遵照交通标志行驶，扣 20 分。

5）未按规定避让人行横道中的行人，扣 20 分。

6）未遵守会车规则，扣 20 分。

# 理论知识考试模拟试卷及答案

## 道路清扫工（四级）理论知识试卷

### 注 意 事 项

1. 考试时间：90 min。

2. 请首先按要求在试卷的标封处填写您的姓名、准考证号和所在单位的名称。

3. 请仔细阅读各种题目的回答要求，在规定的位置填写您的答案。

4. 不要在试卷上乱写乱画，不要在标封区填写无关的内容。

| 项目 | 一 | 二 | 总分 |
|------|-----|-----|------|
| 得分 | | | |

| 得分 | |
|------|--|
| 评分人 | |

**一、判断题（每题 1 分，共 40 分，请将判断结果填在题号前的括号中，正确填"√"，错误填"×"）**

1. 小型电动机具的功能主要是保洁和短驳。 （　　）

2. 城市道路保洁不是市容环境卫生管理的一项基础性工作。
　　　　　　　　　　　　　　　　　　　　　　　　　（　　）

3. 职业道德不属于自律范围。 （　　）

4. 职业道德的主要内容包括爱岗敬业，诚实守信，办事公道，服务群众，奉献社会。 （　　）

5. 不必每日更换工作服。 （　　）

6. 交通违章包括因违章而造成的交通事故。 （　　）

7. 造成道路交通事故的原因有许多，如车辆状况、气候、人等因素，而在这些因素中，人是造成道路交通事故的主要因素。
　　　　　　　　　　　　　　　　　　　　　　　　　（　　）

8. 小型电动机具在行驶中，可以操作尾板。 （　　）

9. 轻微事故是指一次造成轻伤 1～2 人，或者机动车事故财产损失不足 1 000 元，非机动车事故财产损失不足 200 元的事故。
　　　　　　　　　　　　　　　　　　　　　　　　　（　　）

10. 充电机在出厂时，和电池虽是严格匹配的，但可以混用。
　　　　　　　　　　　　　　　　　　　　　　　　　（　　）

11. 发生交通事故后，当事人应立即停车，抢救伤者，对现场的范围，车辆行驶轨迹，制动痕迹，其他物品形成的痕迹，散落物

等进行保护。　　　　　　　　　　　　　　　　　　　　（　　）

12. 块状污染物是人行道环境卫生允许存在的缺陷。（　　）

13. 在保洁作业时间段内，超过质量标准中道路路面废弃物控制指标的，自产生起应在 30 min 内予以清除。（　　）

14. 道路清扫保洁工具包括人工清扫工具和清扫机械。（　　）

15. 电池处于欠压临界状态会导致驾车时，时走时停。（　　）

16. 清扫车道路面时，应先扫一把，再跟一把，最后清一把，前进一步继续扫。（　　）

17. 刹车时，应先使用前制动器，再使用后制动器。（　　）

18. 雨天清扫道路，应及时把窨井下水口周边垃圾清除干净。
　　　　　　　　　　　　　　　　　　　　　　　　　　（　　）

19. 在清道垃圾中转时，做到车走场地清。（　　）

20. 小型电动机具通过电机转化为电能，驱动行走。（　　）

21. 小型电动机具主要系统由加速器、换向开关、控制器、电机、电池、充电器、动力单元等构成。（　　）

22. 小型电动机具的加速器采用电阻式加速器 $0\sim5k\Omega$，输出信号是 $0\sim5V$。（　　）

23. 小型电动机具的电机采用永磁直流电机。（　　）

24. 工具箱是小型电动机的主要组成部件。（　　）

25. 查看前灯、尾灯是否发亮，属于灯光装置的检查内容。
　　　　　　　　　　　　　　　　　　　　　　　　　　（　　）

26. 后视镜的映像检查要求之一：坐在驾驶鞍座的位置上看后视镜能否看清后方及侧面的情况。（　　）

27. 刹车检查时，应先使用前制动器，再使用后制动器。
　　　　　　　　　　　　　　　　　　　　　　　　　　（　　）

28. 链条的调整时，先松开后轮轴螺母，向左或向右转动调正螺母来校正链条的松弛度。（　　）

29. 加液型蓄电池在使用过程中，应经常检查电池液面，及时加注电解液。　　　　　　　　　　　　　　　　（　　）

30. 充电时，连接 220 V 输入电源，打开电源开关，充电机自动工作，充电结束后要手动关机。　　　　　　　　（　　）

31. 经常检查升降系统油管各接头及油缸是否渗油或滴油，及时紧固更换。　　　　　　　　　　　　　　　　　（　　）

32. 在无人指挥的路段行驶时，注意观察指示标志，以及其他车辆、行人的动态。　　　　　　　　　　　　　　　（　　）

33. 遇有特大暴雨时，若视线太差，不可冒险行驶，应选择安全路段靠边暂停。　　　　　　　　　　　　　　　　（　　）

34. 夜间行车，遇道路不熟、情况不易辨清时，应停车查看，待情况弄清后再行驶。　　　　　　　　　　　　　　（　　）

35. 若路面有泥泞、油污时，车轮容易打滑，驾驶员应提高警惕，加速通过。　　　　　　　　　　　　　　　　　（　　）

36. 使用小型电动机具专配的充电机给电池充电，不能混用其他充电机。　　　　　　　　　　　　　　　　　　（　　）

37. 车辆启动时，插入点火开关，逆时针旋转。　　　（　　）

38. 车辆停车要关闭点火开关，拿走点火钥匙，防止他人误操作。　　　　　　　　　　　　　　　　　　　　　　（　　）

39. 控制扬尘，避免扰民，无洒落、飞扬、滴漏现象，是环卫保洁人员职业道德规范之一。　　　　　　　　　　（　　）

40. 小型电动机具在使用环节不会造成环境污染。　（　　）

| 得分 | |
|------|--|
| 评分人 | |

**二、单项选择题**（每题 2 分，共 60 分，选择一个正确的答案，将相应的字母填入题内的括号中）

1. 以下关于市容环卫员工的职业道德规范，错误的是（  　）。

 A. 市容环卫员工要吃苦耐劳

 B. 市容环卫员工要文明作业

 C. 市容环卫员工要互帮互助

 D. 市容环卫员工不需要协作

2. 以下不属于道路保洁范围的是（  　）。

 A. 步行街　　　　　　　　　B. 绿地

 C. 人行天桥　　　　　　　　D. 建筑物外立面

3. 以下关于举止规范，错误的是（  　）。

 A. 站立时，不倚靠　　　　　B. 可在公共场所席地而坐

 C. 不聚众喧闹　　　　　　　D. 不扎堆聊天

4. 一次造成（  　）的事故是重大事故。

 A. 重伤 1～2 人　　　　　　B. 重伤 3 人以上

 C. 死亡 1～2 人　　　　　　D. 死亡 3 人以上

5. 按电池类型，可将小型电动机具分为（  　）。

 A. 铅酸蓄电池电动车、镍氢蓄电池电动车

 B. 铅酸蓄电池电动车、镍氢蓄电池电动车、锂电池电动车

 C. 铅酸蓄电池电动车、镍氢蓄电池电动车、锂电池电动车、氢燃料电池电动车

 D. 铅酸蓄电池电动车、镍氢蓄电池电动车、锂电池电动车、混合动力电动车

6. 充电时，应将充电机（　　）连接，确保接头接插良好。

  A. 输出端插头与电池

  B. 输入端插头与电池

  C. 输出端插头与电源

  D. 输入端插头与输出端插头

7. 通常新车在行驶路程达到（　　）km 时，应进行第一次检查和保养。

  A. 200       B. 300

  C. 400       D. 500

8. 一级道路的路面机械清扫频次是（　　）。

  A. 每周不少于 3 次   B. 每日不少于 3 次

  C. 每周不少于 2 次   D. 每日不少于 2 次

9. 小型电动机具的电机过载电流限制在额定电流的（　　）倍。

  A. 1～2       B. 2

  C. 2～3       D. 3

10. 小型电动机具通过电机转化为（　　），驱动行走。

  A. 电能       B. 机械能

  C. 化学能      D. 原子能

11. 道路人工清扫的清扫幅度约（　　）m。

  A. 1        B. 1.5

  C. 2        D. 2.5

12. 检查前、后制动刹把，查看是否断电，属于（　　）的检查。

  A. 车把       B. 刹车

  C. 电机       D. 灯光装置和转向指示器

13. 以下做法不正确的是（　　）。

A. 雨天积水用力扫　　　　B. 公交车站绕道扫

C. 商业网点宣传扫　　　　D. 车辆占道弯腰扫

14. 检查后视镜表面有无污垢及损坏属于（　　）的检查。

A. 反光器　　　　　　　　B. 后视镜映像

C. 车把　　　　　　　　　D. 转向指示器

15. 关于充电机的注意事项，以下说法错误的是（　　）。

A. 充电机长时间不用时，应包装存放

B. 充电时，严禁移动、打开充电机的机箱

C. 必须随小型电动机具携带充电机

D. 充电机和电池是严格匹配的，不能混用

16. 冬季降雪天气的除雪作业时，不能（　　）。

A. 洒融雪剂　　　　　　　B. 调整作业时间

C. 集中力量作业　　　　　D. 冲洗路面

17. 加液型蓄电池加注电解液，正确的是（　　）。

A. 液面只需漫过电池极板

B. 液面低于电池极板

C. 多多益善

D. 液面远离电池极板

18. 若小型电动机具长时间不使用，应将电池充满电后存放，并且（　　）要充电一次。

A. 每周　　　　　　　　　B. 每半个月

C. 每1个月　　　　　　　D. 每两个月

19. 小型电动机具的加速器复位状态时，输出电阻不得（　　）。

A. 高于 5 000 Ω　　　　　B. 低于 5 000 Ω

C. 高于 500 Ω　　　　　　D. 低于 500 Ω

20. 关于轮胎检查的要求，以下不正确的是（　　）。

A. 检查轮胎有无龟裂、异常磨损

B. 轮胎气压是否合适

C. 轮胎内有无钉子、石块、玻璃的嵌入

D. 轮胎槽纹的深度、轮胎上的凸块已磨损掉 1/3 时，要更换新轮胎

21. 以下不属于小型电动机具主要组成部件的是（　　）。

A. 电机　　　　　　　　　B. 驱动控制器

C. 工具箱　　　　　　　　D. 专用蓄电池

22. 以下属于道路交通辅助标志的是（　　）。

A. 　　　　　　B.

C. 　　　　　　D.

23. 冰雪路面的制动距离比一般干燥路面要增长（　　）倍以上。

A. 1　　　　　　　　　　B. 2

C. 3　　　　　　　　　　D. 4

24. 刹车的自由间隙，规定的范围是（　　）mm。

A. 5～10　　　　　　　　B. 10～15

C. 15～20　　　　　　　　D. 25～30

25. 小型电动机具宜放在（　　）环境下充电。

A. 密闭　　　　　　　　　B. 半封闭

C. 通风　　　　　　　　　D. 潮湿

26. 清道工人在作业过程中对乱扔垃圾的行人应当（　　）。

A. 处罚　　　　　　　　　B. 劝阻

C. 教育　　　　　　　　　D. 打骂

27. 小型电动机具制动器使用错误的是（　　）。

　　A. 将调速转把回位后，握紧刹车握把

　　B. 缓慢制动，然后拉紧

　　C. 不可经常急刹车

　　D. 应先使用前制动器，再使用后制动器

28. 不属于刹车检查要求的是（　　）。

　　A. 刹车是否灵敏

　　B. 有无偏刹或抱死现象

　　C. 检查前、后制动刹把，查看是否断电

　　D. 手刹是否可在坡道上驻车

29. 《中华人民共和国道路交通安全法实施条例》第 46 条规定，电瓶车进出非机动车道不得超过每小时（　　）km。

　　A. 5　　　　　　　　　　B. 10

　　C. 15　　　　　　　　　 D. 20

30. 在高温季节下行车，以下做法错误的是（　　　）。

　　A. 减小跟车距离

　　B. 谨慎驾驶

　　C. 树木茂盛，影响视线，要减速鸣号

　　D. 提前采取制动措施，防止追尾

# 道路清扫工（四级）理论知识试卷答案

## 一、判断题

| | | | | | | | |
|---|---|---|---|---|---|---|---|
| 1. √ | 2. × | 3. × | 4. √ | 5. × | 6. × | 7. √ | 8. × |
| 9. √ | 10. × | 11. √ | 12. × | 13. × | 14. √ | 15. √ | 16. √ |
| 17. × | 18. √ | 19. √ | 20. × | 21. √ | 22. √ | 23. × | 24. × |
| 25. √ | 26. √ | 27. × | 28. √ | 29. √ | 30. × | 31. √ | 32. √ |
| 33. √ | 34. √ | 35. × | 36. √ | 37. × | 38. √ | 39. √ | 40. √ |

## 二、单项选择题

| | | | | | | | |
|---|---|---|---|---|---|---|---|
| 1. D | 2. D | 3. B | 4. C | 5. C | 6. A | 7. B | 8. B |
| 9. C | 10. B | 11. C | 12. D | 13. B | 14. B | 15. C | 16. D |
| 17. A | 18. B | 19. C | 20. D | 21. C | 22. D | 23. D | 24. B |
| 25. C | 26. B | 27. D | 28. C | 29. C | 30. A | | |

# 操作技能模拟试卷

## 注 意 事 项

1. 考生根据操作技能考核通知单中所列的试题做好考核准备。

2. 请仔细阅读试题单中具体考核内容和要求，并按要求完成操作或进行笔答或口答，若有笔答请考生在答题卷上完成。

3. 操作技能考核时要遵守考场纪律，服从考场管理人员指挥，以保证考核安全顺利进行。

注：操作技能鉴定试题评分表及答案是考评员对考生考核过程及考核结果的评分记录表，也是评分依据。

### 国家职业资格鉴定

## 道路清扫工（四级）操作技能考核通知单

姓名：

准考证号：

考核日期：

试题 1

试题代码：1.1.1。

试题名称：小型电动机具（三轮）的日常检查和简单维护。

考核时间：5 min。

配分：20 分。

试题 2

试题代码：2.1.1。

试题名称：曲线、直线、弯道行驶。

考核时间：5 min。

配分：20 分。

试题 3

试题代码：2.2.1。

试题名称：道路综合行驶（一）。

考核时间：10 min。

配分：40 分。

试题 4

试题代码：3.1.1。

试题名称：人工清扫道路（一）。

考核时间：10 min。

配分：20 分。

# 道路清扫工（四级）操作技能鉴定
## 试 题 单

试题代码：1.1.1。
试题名称：小型电动机具（三轮）的日常检查和简单维护。
考核时间：5 min。

### 1. 操作条件
小型电动机具（三轮）1 辆。

### 2. 操作内容
启动前的车辆检查。

### 3. 操作要求
（1）检查内容完整、方法正确。
（2）在规定时间内完成。

# 道路清扫工（四级）操作技能鉴定

## 试题评分表及答案

考生姓名：　　　　　　　　　　　准考证号：

| 试题代码及名称 | | 1.1.1　小型电动机具（三轮）的日常检查和简单维护 | | 考核时间（min） | 5 |
|---|---|---|---|---|---|
| 编号 | 评分要素 | 配分 | 分值 | 评分标准 | 实际得分 |
| 1 | 操作准确 | 20 | 10 | 检查内容完整。检查遗漏，每项扣10分 | |
| | | | 6 | 检查方法正确。轮胎、转向装置和转向指示器、刹车、电机、油门踏板的检查方法不正确，每项扣6分　车把、反光器的检查方法不正确，每项扣3分 | |
| | | | 4 | 未在规定时间内完成，扣4分 | |
| | 得分 | | | | |

注：评分采用扣分制，直至扣完该项分值为止。

考评员（签名）：
　　　年　　　月　　　日

## 道路清扫工（四级）操作技能鉴定

### 试　题　单

试题代码：2.1.1

试题名称：曲线、直线、弯道行驶

考核时间：5 min

### 1. 操作条件

（1）平整场地，按图1、图2，设置场地，并按图1摆放标桩。

标桩尺寸：1—2、3—4、5—6、7—8、9—10、11—12、13—14 为车宽加 30 cm；1、3、7、11 在同一线上；6、10、14 在同一直线上；1—3、2—4 为一车长；4—5、5—8、8—9、9—12、12—13 为一车半长。

（2）小型电动机具（三轮）1 辆。

### 2. 操作内容

按箭头指示方向行驶。

### 3. 操作要求

（1）按照操作程序起动小型电动机具，姿势端正。

（2）起步平稳。

（3）行驶速度平稳。

（4）中途不得停顿。

（5）制动平稳、停车过程平稳。

（6）图1路线行驶，车身任何部位不得碰桩；未达要求，则操作技能鉴定为不合格。

（7）图2路线行驶，轮胎不得压线；未达要求，则操作技能鉴定为不合格。

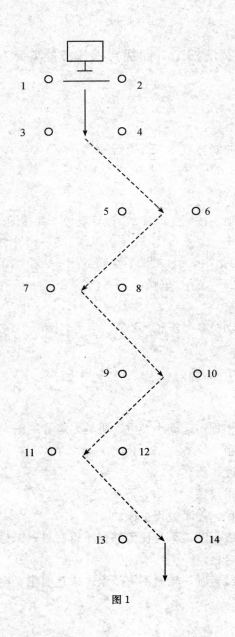

图 1

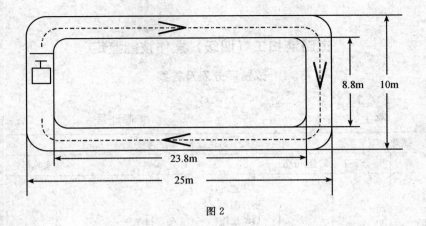

图 2

（8）转弯角度和车速控制良好。

（9）定点停车，车头不应超出桩标线或者不足桩标线 20 cm。

（10）在规定时间内完成。

（11）在同一扣分项目中，有 2 处以上（含 2 处）未达到标准要求而扣分的，操作技能鉴定为不合格。

# 道路清扫工（四级）操作技能鉴定

## 试题评分表及答案

考生姓名：　　　　　　　　　　　准考证号：

| 试题代码及名称 | | 2.1.1　曲线、直线、弯道行驶 | | 考核时间（min） | 5 |
|---|---|---|---|---|---|
| 编号 | 评分要素 | 配分 | 分值 | 评分标准 | 实际得分 |
| 1 | 操作准确 | 20 | 5 | 程序正确：<br>姿势不端正，扣5分<br>启动操作程序不正确，扣5分<br>停车操作程序不正确，扣5分 | |
| | | | 15 | 技术熟练：<br>起步不平稳，扣5分<br>行驶速度不平稳，扣10分<br>中途停顿，扣10分<br>制动不平稳，扣5分<br>转弯角度和车速控制不当，扣5分<br>定点停车准确，车头超出桩标线或者不足桩标线20 cm，扣10分<br>未在规定时间内完成，扣15分 | |

出现以下情况，实行一票否决，操作技能鉴定为不合格：

（1）曲线行驶车身任何部位碰桩

（2）直线、弯道行驶轮胎压线

（3）在同一扣分项目中，有2处以上（含2处）未达到标准要求而扣分的

| 得分 | |
|---|---|

注：评分采用扣分制，直至扣完该项分值为止。

考评员（签名）：

年　　　月　　　日

# 道路清扫工（四级）操作技能鉴定

## 试 题 单

试题代码：2.2.1。

试题名称：道路综合行驶（一）。

考核时间：10 min。

### 1. 操作条件

（1）道路实况。

（2）小型电动机具（四轮）1辆。

### 2. 操作内容

（1）听从指令，熟练行驶。

（2）遵守交通规则，安全行车。

### 3. 操作要求

（1）严格按照驾驶操作程序操作。

（2）遵守交通规则，听从考试员指令行车。

（3）熟练驾驶小型电动机具（四轮）。

（4）在同一扣分项目中，有2处以上（含2处）未达到标准要求的，操作技能鉴定为不合格。

# 道路清扫工（四级）操作技能鉴定

## 试题评分表及答案

考生姓名： 准考证号：

| 试题代码及名称 | 2.2.1 道路综合行驶（一） | | | 考核时间（min） | 10 |
|---|---|---|---|---|---|
| 编号 | 评分要素 | 配分 | 分值 | 评分标准 | 实际得分 |
| 1 | 操作准确 | 40 | 10 | 程序正确：<br>　　起步前未调正后视镜，未检查挡位或手制动器，扣10分<br>　　姿势不端正，扣5分<br>　　启动操作程序不正确，扣10分<br>　　停车操作程序不正确，扣10分 | |
| | | | 10 | 技术熟练：<br>　　起步不平稳，扣10分<br>　　行驶中方向不平稳，扣10分<br>　　行驶速度不平稳，扣10分<br>　　制动不平稳，扣10分<br>　　未按照小型电动机具规定速度行驶，扣10分<br>　　行驶中不正确使用各种灯光，扣10分<br>　　转弯角度和车速控制不好，扣10分<br>　　未按照考试员指令行车，扣10分<br>　　发现危险情况，未提前预防，未及时采取措施，扣10分<br>　　以指定停车标志作标准，未停在正确位置，扣10分<br>　　停车时轮胎擦街沿，扣10分<br>　　停车未拉手制动之前，车辆后溜，扣10分 | |

续表

| 试题代码及名称 | | 2.2.1 道路综合行驶（一） | | 考核时间（min） | 10 |
|---|---|---|---|---|---|
| 编号 | 评分要素 | 配分 | 分值 | 评分标准 | 实际得分 |
| 1 | 操作准确 | 40 | 20 | 遵守交通规则：<br>未按交通信号或民警指挥信号行驶，扣20分<br>争道抢行，扣20分<br>未遵守路口行驶规定，扣20分<br>未遵照交通标志行驶，扣20分<br>未按规定避让人行横道中的行人，扣20分<br>未遵守会车规则，扣20分 | |

出现以下情况，实行一票否决，操作技能鉴定为不合格：在同一扣分项目中，有2处以上（含2处）未达到标准要求而扣分的。

| | 得分 | | | | |
|---|---|---|---|---|---|

注：评分采用扣分制，直至扣完该项分值为止。

考评员（签名）：

　　　年　　　月　　　日

# 道路清扫工（四级）操作技能鉴定

## 试 题 单

试题代码：3.1.1。

试题名称：人工清扫道路（一）。

考核时间：10 min。

### 1. 操作条件

（1）道路长度 50 m，面积 100 m²；具备有机动车车道、人行道、沟底、绿化带（或树穴）、窨井下水口。

（2）扫把 1 把、簸箕 1 只、手推车 1 辆。

（3）路面散落有 1 kg 各类废弃物，包含纸屑、塑料袋、包装纸、烟头、树叶、小石块、沙土、沙砾等；沟底及窨井下水口周边散落有部分各类废弃物。

（4）有路人（工作人员扮演）随地乱扔垃圾。

### 2. 操作内容

（1）清扫干净路面、沟底及窨井下水口周边垃圾。

（2）劝阻不文明行为。

### 3. 操作要求

（1）正确使用工具。

（2）操作姿势正确、动作熟练。

（3）符合道路保洁作业规程，作业质量达标。

（4）安全生产、文明作业。

（5）垃圾清除率 100%；垃圾清除率未达到 95%，操作技能鉴定为不合格。

（6）同一扣分项目中，有 3 处以上（含 3 处）未达到要求的，操作技能鉴定为不合格。

# 道路清扫工（四级）操作技能鉴定

## 试题评分表及答案

考生姓名： 准考证号：

| 试题代码及名称 | | 3.1.1 人工清扫道路（一） | | 考核时间（min） | 8 |
|---|---|---|---|---|---|
| 编号 | 评分要素 | 配分 | 分值 | 评分标准 | 实际得分 |
| 1 | 人工清扫道路 | 20 | 5 | 操作熟练：<br>拿扫把姿势不正确，扣5分<br>不能正确操作常用的清扫保洁工具，扣5分<br>清扫操作基本动作不正确、不连贯，扣5分<br>未在规定时间内完成，扣5分 | |
| | | | 5 | 符合作业质量标准：<br>全面、彻底清扫路面，漏扫扣5分<br>路面有废弃物，扣5分<br>沟底有残留污水、残积沙土、明显污迹或废弃物，扣5分<br>行道树树穴内有废弃物，扣5分<br>垃圾清除率达到100%，清除率每下降1%，扣2分 | |
| | | | 5 | 符合作业规程：<br>作业前不检查作业工具，扣2分<br>清扫顺序不正确，扣5分<br>扫清后，不及时畚清，扣5分<br>垃圾再次落地，扣5分<br>遇窨井下水口不绕扫，扣5分<br>保洁后工具摆放不整齐，扣5分 | |

续表

| 试题代码及名称 | | | 3.1.1　人工清扫道路（一） | 考核时间（min） | 8 |
|---|---|---|---|---|---|
| 编号 | 评分要素 | 配分 | 分值 | 评分标准 | 实际得分 |
| 1 | 人工清扫道路 | 20 | 5 | 安全生产，文明服务：<br>工号牌不齐全、不规范，扣5分<br>着装不统一、穿戴不规范、不整洁，扣5分<br>清扫保洁绿化隔离带时，不注意保护绿化，扣5分<br>手推车停放不规范，扣5分<br>保洁作业过程中扬尘明显，扣5分<br>对乱吐、乱扔、乱倒等不文明行为，不进行提醒劝阻，扣5分<br>对乱吐、乱扔、乱倒等不文明行为进行提醒劝阻时，不用文明、礼貌用语或文明、礼貌用语不规范，扣3分 | |

出现以下情况，实行一票否决，操作技能鉴定为不合格：

（1）垃圾清除率未达到95％。

（2）同一扣分项目中，有3处以上（含3处）未达到标准而扣分的。

| 得分 | | |
|---|---|---|

注：评分采用扣分制，直至扣完该项分值为止。

考评员（签名）：

年　　月　　日